# 保护建筑遗产　留住历史辉煌

## ——古建筑保护精品项目集

强万明　编著

中國建材工业出版社

**图书在版编目（CIP）数据**

保护建筑遗产　留住历史辉煌：古建筑保护精品项目集 / 强万明编著. -- 北京 ：中国建材工业出版社，2022.2

ISBN 978-7-5160-3391-3

Ⅰ. ①保…　Ⅱ. ①强…　Ⅲ. ①古建筑－文物保护－中国　Ⅳ. ① TU-87

中国版本图书馆 CIP 数据核字（2021）第 246376 号

**保护建筑遗产　留住历史辉煌——古建筑保护精品项目集**

Baohu Jianzhu Yichan　Liuzhu Lishi Huihuang ——Gujianzhu Baohu Jingpin Xiangmuji

强万明　编著

出版发行：中国建材工业出版社

地　　址：北京市海淀区三里河路 1 号

邮政编码：100044

经　　销：全国各地新华书店

印　　刷：北京天恒嘉业印刷有限公司

开　　本：880mm×1230mm　1/16

印　　张：11

字　　数：200 千字

版　　次：2022 年 2 月第 1 版

印　　次：2022 年 2 月第 1 次

**定　　价：168.00 元**

本社网址：**www.jccbs.com**，微信公众号：**zgjcgycbs**

# 前　言
# PREFACE

古建筑是科技文化知识与艺术的结合体，是人类文明的载体，它的价值不能用是否满足人们对当下生活的某种需求来衡量。放眼世界，列入世界文化遗产名录者大多为历史建筑文化遗产或遗址，人类创造的体量最大、数量最多、分量最重的物质文化遗产与财富就是建筑。建筑不仅仅是人们工作、生活、交际、游戏的物质载体，也潜移默化地影响着每个人的情绪和修养，这是建筑遗产独具的历史文化内涵。

我国是一个具有五千年历史的文明古国，中国古建筑作为璀璨中华文明的重要组成部分和载体，在世界古代建筑史上形成了独特的建筑体系，体现了古代能工巧匠的智慧，内涵精深，具有重要的艺术价值。随着社会、经济、文化的发展和观念的进步，我国对建筑文化遗产的妥善保护、合理利用等工作越来越重视。党的十九大报告提出，“推动中华优秀传统文化创造性转化、创新性发展”。从坚定文化自信、传承中华文明、实现中华民族伟大复兴中国梦的战略高度，保护文化遗产已上升到国家层面。习近平总书记曾多次发表关于继承和弘扬中华优秀传统文化的重要讲话，并强调:“让收藏在博物馆里的文物、陈列在广阔大地上的遗产、书写在古籍里的文字都活起来，丰富全社会历史文化滋养。”

“古建筑修缮保护”是一个实践性很强的课题，需要运用多学科交叉、多领域融合的研究方法。河北省建筑科学研究院有限公司长期致力于古建筑修缮保护技术的研究和推广应用，积极开展古建筑、近现代重要史迹及代表性建筑、古文化遗址、古墓葬、石窟寺和石刻等的修缮保护、抢险施工、勘察设计和安全检测评估等工作。公司具有国家文物局颁发的文物保护工程勘察设计甲级及文物保护工程施工一级资质。自 2000 年开始，河北省建筑科学研究院有限公司形成了以强万明同志为领军的古建筑保护技术团队，主要成员包括王占雷、边智慧、赵士永、付素娟、王平、丁伟、谷海敏、梁耀哲、李旭光、戴占彪、商冬凡等技术人员，组建了以王占雷、边智慧先后任所长的古建筑技术研究所。

二十多年来，强万明同志带领技术团队在长城文化带遗产、大运河文化带遗产、国家考古遗址公园、革命文物建筑、工业遗产、古寺庙等建筑遗产的修缮保护方面开展了大量工程实践，多个项目研究成果获省部级奖项，推动了河北省乃至全国文物建筑保护技术的进步，得到文物界专家的一致认同和赞许。本书内容丰富，所述项目分布在多个地区，涵盖不同工程类型，是我单位建筑遗产保护技术研究和实践的总结提炼。

多年来，各级文物部门，特别是河北省文物局、河北省文物与古建筑保护研究院、云南省文物局和河南省文物局对河北省建筑科学研究院有限公司的建筑遗产保护工作给予了大力支持，在此表示衷心感谢！继往开来、砥砺前行，我们将继续在古建筑文化遗产勘察设计、科技保护领域深入开展工作，为古建筑文化遗产保护作出更多贡献。

河北省建筑科学研究院有限公司

2021 年 11 月

# 目 录

CONTENTS

## 5　革命文物修缮保护



## 6　古墓葬修缮保护



## 7　古城址修缮保护



## 8　石窟寺石刻修缮保护



## 9　其他古建筑修缮保护

## 10 古建筑恢复重建

1

# 古建筑整体移位和顶升

古建筑整体移位和顶升是建筑领域的一门独特技术，它涉及工程检测鉴定、地基处理、工程加固等多个学科，整体移位和顶升对文物建筑保护具有十分重要的意义。这一技术包括古建筑整体水平移位和竖向移位的技术，具有对原文物建筑物影响小，可最大程度保留建筑原有风貌，增加原建筑的安全性能等优点，在文物建筑保护工程中应用广泛。

2001 年自对云南省昆明市官渡区妙湛寺金刚塔整体顶升起步，河北省建筑科学研究院有限公司开始了古建筑物整体移位技术的钻研、探索和应用，并且一直处于全国领先水平。先后承担了一系列古建筑的整体平移、顶升、旋转、纠偏等各种疑难工程，包括湖北武当山遇真宫山门及东西宫门整体顶升工程、云南省昆明市官渡区妙湛寺金刚塔整体顶升工程、河南慈源寺建筑群整体平移工程、安徽宣城龙溪塔整体平移工程、安徽芜湖圣雅各教堂整体平移工程、襄阳王府“绿影壁”扶正与抬升工程、河南省开封市延庆观玉皇阁整体顶升工程等具有代表性的古建筑移位工程。其中，河南慈源寺平移工程，平移 450m，克服了 6 大技术难题，创造了我国乃至世界古建筑搬迁史上一次移动数量最多、平移距离最长，转弯次数最多等众多之“最”。武当山遇真宫的顶升工程，顶升高度达 15m，攻克了一系列重大难题，创造了建筑顶升高度的世界吉尼斯纪录，被中央电视台连续多次实况报道。

河北省建筑科学研究院有限公司以工程实例为基础，开展了多项古建筑移位课题，填补了国内建筑移位领域的多项空白，在古建筑群移位和超大高顶升方面处于国际领先水平。古建筑整体移位相关课题成果获河北省科技进步二等奖 1 项，华夏建设科技二等奖 1 项，河北省科技进步三等奖 1 项，河北省建设科技进步一等奖 7 项，获授权国家发明专利 20 余件，登记软件著作权 4 项，国家级工法 1 项，省级工法 4 项，出版专著 2 部。

# 1.1 湖北武当山遇真宫山门及东西宫门整体顶升

## 1.1.1 工程概况

遇真宫位于湖北省丹江口市武当山镇东 4km 处，属武当山九宫之一，海拔 174.7m，背依凤凰山，面对九龙山，左为望仙台，右为黑虎洞，山水环绕如城，溪流潺潺，大树参天。遇真宫主体由中宫、西宫和东宫构成，西宫与东宫的建筑已无存。现存的宫门、宫墙、龙虎殿、真仙殿残迹、配殿等地面建筑为中宫的主体建筑。

明代初期，朱棣皇帝命令在此地敕建遇真宫，于永乐十五年竣工，到明嘉靖年间，遇真宫已经扩大到有殿堂、斋堂、廊庑、山门、楼阁等大小建筑 296 间。现存宫墙较为完整，长 697m，高 3.85m，厚 1.15m，顶残破。由前至后，有琉璃八字宫门、东西配殿、左右廊庑、斋堂、真仙殿、山门等，基本保持原有建筑风貌。现存真仙殿为庑殿式顶，砖木结构，抬梁式木构架。面阔进深均为 3 间，面阔 20.30m，进深 11.15m，高 11.23m。遇真宫以奉祀张三丰而著称，其真仙殿中存有张三丰铜铸鎏金像，身着道袍，头戴斗笠，脚穿草鞋，姿态飘逸，颇有仙风道骨，是一件极为珍贵的明代艺术品。

遇真宫是全国重点文物保护单位，被列入世界遗产名录，在武当山古建筑群中文物价值相对较高。2003 年 1 月 19 日，作为“世界文化遗产”武当山古建筑群重要组成部分之一的遇真宫主殿突发大火，最有价值的主殿化为灰烬。

举世瞩目的南水北调中线工程的实施，将使丹江口水库正常蓄水位从海拔 157m 提高至 170m，而位于工程范围的遇真宫在 170m 水位线以下，面临被水淹没的危险。为做好世界文化遗产、全国重点文物保护单位——遇真宫的保护工作，经过专家多年反复评审、论证，由国务院南水北调办公室、国家文物局批复决定采取原地垫高、局部顶升的方案对其进行保护。以遇真宫为中心，在 9 万 $m^2$ 的区域用土石方整体垫高 15m，对遇真宫保存较为完整的山门及两翼琉璃墙体、东西宫门采用原地顶升 15m 的保护方案，同时对其他建筑物进行修复重建。通过整体顶升最大限度地保留建筑遗产的历史风貌和价值，是对这一世界文化遗产实施完整保护的有效手段。

2012 年，河北省建筑科学研究院有限公司承担武当山遇真宫山门及东西宫门整体顶升工程，该工程整体顶升 15m，顶升高度为世界之最。该工程采用了 6 项核心技术：钢桁架整体加固技术、人工欠挖钢箱梁盾构预应力刚性底盘托换技术、冲击灌注桩顶升反力支撑技术、型钢混凝土支撑和滑模顶升施工技术、高精度的限位装置和防倾技术、建筑物长行程无回降多点同步顶升技术。山门结构荷载重达 4600t，顶升托盘下布置 48 台 200t 千斤顶，通过 PLC 同步顶升控制系统结合多点无回降同步顶升技术，实现千斤顶同步顶升，顶升控制精度达 0.01mm。2013 年 1 月，遇真宫山门及东西宫门整体顶升 15m 保护工程顺利完成，并通过国家专家组验收。顶升高度获“顶升最高建筑物”吉尼斯世界纪录。后续修复重建工程也已经陆续展开，这座历经水火之劫的古老宫殿也将迎来它的新生。

### 1.1.2　工程图片（图 1-1~ 图 1-17）

图 1-1　遇真宫原址
图 1-2　山门及翼墙原址
图 1-3　修缮前主殿

图 1-4 山门
图 1-5 东宫门检测
图 1-6 宫门钢桁架加固
图 1-7 山门、翼墙顶升前加固

图 1-8　基础置换完成
图 1-9　东宫门千斤顶安装就位
图 1-10　宫门顶升施工

| | |
|---|---|
| ⓫ | ⓬ |
| ⓭ | ⓮ |

图 1-11 西宫门同步无回降顶升
图 1-12 山门和宫门整体顶升
图 1-13 山门土方回填
图 1-14 宫门土方回填

图 1-15　顶升高度创“顶升最高建筑物”吉尼斯世界纪录
图 1-16　山门顶升就位
图 1-17　修缮后遇真宫

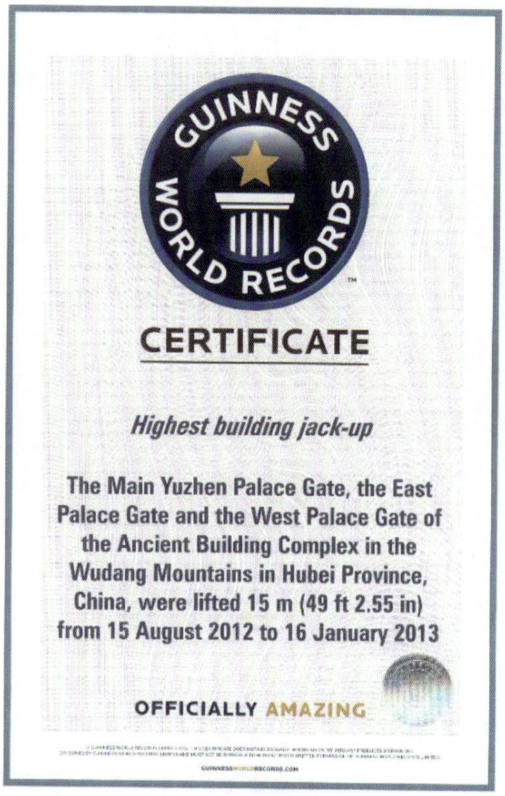
GUINNESS WORLD RECORDS

CERTIFICATE

*Highest building jack-up*

The Main Yuzhen Palace Gate, the East Palace Gate and the West Palace Gate of the Ancient Building Complex in the Wudang Mountains in Hubei Province, China, were lifted 15 m (49 ft 2.55 in) from 15 August 2012 to 16 January 2013

OFFICIALLY AMAZING

# 1.2 云南省昆明市官渡区妙湛寺金刚塔整体顶升

## 1.2.1 工程简介

昆明市官渡区官渡古镇广场中央的妙湛寺金刚塔，全用砂石砌成，为佛教寺宇妙湛寺的组成部分，旧称妙湛寺石塔，是官渡古镇标志性建筑。1965 年云南省人民政府公布其为云南省重点文物保护单位，1996 年国务院公布其为全国重点文物保护单位。妙湛寺金刚塔形制独特，雕刻精美生动，是我国现存的 10 余座金刚塔中建造时间最早、保存最为完好的一座。

妙湛寺金刚塔始建于明代天顺元年（1457 年），至今已有 560 多年的历史。塔基座券门上端嵌砌一匾额，上书“功德宝塔”四字，表明建塔目的是“造功德”。

妙湛寺金刚塔高 16.05m，分两部分：下部是高大的方形须弥基座，上部矗立 5 座塔，主塔居中，4 座小塔分立四角。基座边长 10.4m，高 4.7m，下部中空，四面各辟有一券门，呈十字形相通，可过行人车马，基座中心顶端嵌一铜质金轮，上铸佛像 9 尊，一尊居中，其余环列，每尊以菩提树相隔。

主塔居基座正中，由塔座、塔身、相轮和塔刹组成。塔座呈正方形须弥式，边长 5.5m，高 2.7m，四角各雕力士像一尊，东、南、西、北四面都有雕刻，每面 3 幅，共 12 幅，两侧为金刚界“五部佛”之佛座，东狮、南象、西孔雀、北伽楼罗。须弥座之上是塔身，依次往上是七重莲瓣形制的覆莲座、覆钵式塔肚，塔肚四面正中各辟一龛，内供佛像一尊。塔刹由宝座、覆钵、仰莲、塔肚、摩尼珠和宝瓶组成。由以上结构可以看出，妙湛寺金刚塔是据佛经金刚界五部而建造，主塔是一座小型喇嘛塔。4 座小塔形制一致，由须弥座、塔身、相轮和塔刹组成。

主塔与 4 座小塔比例协调，但形制有别，且富于变化。主塔采用的是覆钵式塔（俗称喇嘛塔）式样，小塔则采用了类似墓表的纪念性石柱式样。在佛塔建筑上采用纪念性石柱，并将其与喇嘛塔式样结合起来的做法，确属少见，是妙湛寺金刚塔的独特之处。妙湛寺金刚塔布局匀称、造型别致、结构精巧、雕刻精湛，无论是主塔须弥座上的坐骑动物，还是金刚大力士、佛龛中的佛像，雕工都极为精细，铜铸华盖上手持法器的四大天王、塔基顶部中心嵌砌的铸有 9 尊佛像的铜质金轮，铸刻极为精美，这些雕刻所表现的正是佛教金刚界五部的内容。妙湛寺金刚塔既表现了佛教密宗的内容，又保留了早期喇嘛塔的特点，是古代佛教文化的一座艺术丰碑。

历史上妙湛寺金刚塔曾多次修整，但基本上仍保持着原状。清代初年的一次地震，4 座小塔被震落，受损严重，康熙三十五年（1696 年），由当时的昆明县令罗国珍主持重修。近代以来，由于滇池水位不断下降，金刚塔又建在贝丘文化遗址之上，地层松软，下沉非常严重，到 1980 年，整体下沉已达 1.6m，且后期出现了倾斜。官渡区政府积极采取措施加强保护，清除塔基的淤泥，疏通排水管道，加固塔基，浇筑水泥地坪，划定保护范围，修建保护围栏。但这些措施，仍难以阻止金刚塔继续下沉。

2001 年，为彻底解决金刚塔塔基渗水和塔体沉降、倾斜、风化等问题，官渡区政府采用了文物修复专家提出的基础托换、整体顶升的设想，委托河北省古代建筑保护研究所、河北省建筑科学研究院有限公司负责实施保护，编制了《昆明市官渡区妙湛寺金刚塔整体顶升方案》，上报国家文物局并获批准。2002 年 7 月 12 日，河北省建筑科学研究院有限公司施工完成了这座重达 1350t 石塔的整体顶升工程任务。就位时，经严密测量，倾斜得到纠正，塔身已完全处在水平线上，塔身结构严丝合缝，丝毫无损，风化的外表也遵循“修旧如旧”的原则得到修复，金刚塔从此获得新生，重现昔日风采。

顶升工程施工中，采用了混凝土箱梁基础托换、止水帷幕、高效顶升反力系统、同步顶升系统、实时监测系统 5 项核心技术，顺利完成金刚塔整体顶升 2.6m，纠偏 240.5mm，工程通过国家专家组验收，受到国家文物局、当地政府和人民的高度评价。原位整体顶升工程的实施，摆脱了污水之困，再次成为全镇的中心制高点，引领古镇风貌。历史久远、保存完好的金刚古塔将成为人们对历史、宗教、建筑、民俗进行研究的活标本。

### 1.2.2　工程图片（图 1-18~ 图 1-26）

| 18 | 19 |
|---|---|

图 1-18　金刚塔原貌 1
图 1-19　金刚塔原貌 2

⑳
㉑
㉒

图 1-20　金刚塔原貌局部 1
图 1-21　金刚塔原貌局部 2
图 1-22　金刚塔顶升过程

| 23 | 25 |
| 24 | 26 |

图 1-23　金刚塔顶升到位
图 1-24　金刚塔现状
图 1-25　金刚塔现状概况
图 1-26　金刚塔对外开放

# 1.3 河南慈源寺建筑群整体平移

## 1.3.1 工程概况

慈源寺位于河南省安阳市林州横水镇马店村内，始建于唐代贞观年间，据《重修林县志》记载："慈源寺，县东南马店村南，唐贞观时（627—649 年）建。"宋、元、明、清时期曾数次修葺，现存有三进院落，主要建筑有天王殿、大雄宝殿、三教堂、文昌阁、祖师殿等，是林州现存规模最大的古建筑群，1999 年被公布为林州市重点文物保护单位。2006 年 6 月被列为河南省重点文物保护单位。

慈源寺内天王殿、大雄宝殿为佛教建筑，祖师殿、关公殿为道教建筑，文昌阁为儒教建筑，中轴线上最后一座建筑明确起名为"三教堂"，这种情况在我国现存寺、观中非常罕见，是儒、道、佛三教在我国历史上相互融合、相互渗透的最珍贵的证据，为我国的宗教发展史研究提供了重要的实物例证。

慈源寺中院前部，大雄宝殿的东南及西南位置，各有一座两层楼阁式建筑，是钟鼓二楼。寺内的小型塔院存有的喇嘛塔碑上刻有"祖师塔"字样。碑身的文字辨析，"慈源之图"碑刻于明弘治二年（1489 年），该图所绘为距今五百多年前的寺院布局。历经五百多年，整个寺院的核心部分仍保留着明代的格局特点。现存位于前院天王殿东侧的文昌阁是供奉孔子的殿宇，从其特点分析，建筑时代应稍晚于明弘治年间。

寺院建筑结构形式众多，既有庑殿顶，又有硬山、悬山结构，特别是大雄宝殿，为单檐庑殿顶，保存有许多早期建筑的特点，其中没有推山的做法在国内现存明清庑殿建筑中是很少见的。庑殿顶在古建级别中为最高的建筑形式，多为皇家所用。此外，三教堂、大雄宝殿屋面上保留了许多宋、元时期风格的瓦饰件，亦为寺院历史悠久的见证。寺院建筑用材有木、砖、石等材料，取材因地制宜，充分利用了当地的资源。所有建筑均以石材做台基，采用了糙砌的古朴砌筑手法，具有结构稳定、防水害的特点。寺院整体布局规整、紧凑，主要建筑保存了许多极具价值的艺术构件，如大雄宝殿、三教堂斗拱上的龙、卷云等雕刻，屋顶的吻兽及脊饰的图案造型也极具地方特色。

2004 年，安（阳）林（州）高速公路开工建设。因寺院南北地下均为煤矿采空区，拟建的高速路只能从寺院的中部通过，由此引出如何对慈源寺进行保护的问题。河南省政府十分重视慈源寺的保护工作，自 2004 年 6 月开始，多次召开协调会，要求保护好这一独具特色的优秀民族文化遗产，并于 2004 年 12 月 24 日下发文件，同意慈源寺整体迁移保护。

修缮保护共分四部分，分别是文物建筑整体平移、拆迁复建、恢复重建及必要的管理设施的新建。考虑到寺院大雄宝殿、三教堂、文昌阁 3 座主要建筑具有非常重要的价值，为了不扰动建筑的原结构体系，最大限度地保存这些建筑的各种原创特点及这些文化载体上包含的大量历史信息，决定对上述 3 座文物建筑实施整体平移保护。

2006 年，河北省建筑科学研究院有限公司承接了这项任务，编制了整体迁移保护方案，并负责实施。经过近 5 个月的施工，顺利完成古建筑群整体平移，并通过国家专家组验收。平移过程中克服了 6 项较大技术难题：一是共用 1 条轨道，平移多个单体建筑物，实施难度大；二是平移距离长达 450m，堪称世界之最；三是 3 座建筑平移要克服 3.3‰降坡落差（平移起点与终点高差 1.5m），是降坡移动；四是平移过程中建筑物多次转弯和转向；五是加固平移轨道和终止点的地基，满足平移和新址就位的承载力要求；六是创平移古建筑年代最早的纪录。项目编制了国家级施工工法“古建筑群共用轨道单体平移整体就位施工工法”，成功完成慈源寺的整体迁移，创造了我国乃至世界古建筑迁移保护史的众多之最。

在为配合平移工程而进行的寺院文化层及建筑基础清理过程中，发现了大量精美佛教造像、瓷片、宋“大观四年”经幢及早期建筑构件。慈源寺出土的各类遗物时代较早，时代延续较长，造型优美，出土层位明确，具有重要考古、历史及科学研究价值。这些精美的佛像代表着中国传统艺术中典型的造像风格，这些遗物对于提升慈源寺的历史文化价值具有重要意义。

### 1.3.2 工程图片（图 1-27~ 图 1-43）

27
28

图 1-27 慈源寺原址东门
图 1-28 慈源寺原址南门

图 1-29 大雄宝殿原貌
图 1-30 文昌阁型钢箍加固
图 1-31 大雄宝殿型钢箍加固

图 1-32　三教堂型钢箍加固
图 1-33　大雄宝殿托换梁混凝土浇筑
图 1-34　三教堂平移出原位

图 1-35 慈源寺整体平移
图 1-36 文昌阁平移中
图 1-37 大雄宝殿转体
图 1-38 三教堂转体

| 39 | |
|---|---|
| 40 | 41 |
| 42 | 43 |

图 1-39　共用轨道平移
图 1-40　三教堂就位
图 1-41　大雄宝殿就位
图 1-42　文昌阁就位
图 1-43　慈源寺新址南大门

# 1.4 安徽宣城龙溪塔整体平移

## 1.4.1 工程概况

龙溪塔位于安徽省宣城市宣州区狸桥镇西侧水阳江东岸。相传东吴赤乌二年（239 年），大将丁奉镇守金宝圩时修建。据碑记，龙溪塔重建于南宋年间，明代万历年间和清代道光年间都进行了修缮，现存塔体以明代风格为主，檐、角和塔清代风格显著。塔为 7 层，呈六边形，底层占地面积约 20m$^2$，高约 22m，砖木混合结构，塔体、塔基用青砖砌筑，外围用青条石（石灰岩块）包砌一圈。每面有砖券拱门，木质飞檐翘角，檐下叠涩与菱牙交替出跳，子角梁使用“嫩戗发戗”手法，属南方建筑的特点。翘角下挂铜质风铃，塔刹由覆钵承露盘、五重相轮、宝珠、旺链组成，其高耸的塔体在沿江两岸人民的心中有着崇高的地位，被誉为“镇江之塔”。1981 年宣城县人民政府公布其为县级文物保护单位，2012 年安徽省政府公布其为省级文物保护单位。

为配合水阳江开卡工程需要，将龙溪塔塔体与“水阳江”大堤分离，减少大堤对塔体的压力作用，防止大堤上过往车辆对塔檐造成伤害，以保护龙溪塔。2012 年，河北省建筑科学研究院有限公司承担龙溪塔平移工程，经过各方综合研究，采用 5 项核心技术顺利完成龙溪塔整体平移 129m，通过国家专家组验收。

## 1.4.2 工程图片（图 1-44~ 图 1-51）

图 1-44 龙溪塔启动修缮
图 1-45 龙溪塔周边土体清除

| 46 | 47 |
|---|---|
| 48 | |

图 1-46　“U”形护靴钢筋绑扎
图 1-47　主动支撑钢桁架安装
图 1-48　龙溪塔平移

49 50
51

图 1-49 龙溪塔平移到位
图 1-50 龙溪塔平移后全貌
图 1-51 龙溪塔新址远景

# 1.5　安徽芜湖圣雅各教堂整体平移工程

## 1.5.1　工程概况

圣雅各教堂位于安徽省芜湖市镜湖区花津路 46 号，占地面积 374.16m$^2$，总建筑面积约 700m$^2$。圣雅各教堂为哥特式教堂，是芜湖市目前唯一一座基督教堂。19 世纪 50 至 70 年代，法、英、美等国传教士纷纷来芜湖传教，使芜湖成为基督教在安徽创办最早、流派最多的地区。圣雅各教堂于 1883 年由美国传教士设计监造，为哥特式建筑风格，平面呈“十”字形，券形门窗，钟楼顶端耸立着高高的十字架，钟楼为 5 层，高 25m，正厅可容纳 800 人，墙体转角用石条围砌。

圣雅各教堂分为三部分，东侧为五层塔楼，中部为大堂，北侧为讲台和龛座（大堂、讲台和龛座相连，为同一主体结构，为砖木结构体系，曾于 1986 年、1998 年和 2005 年进行过维修）。教堂建筑作为中西方文化交流的产物，在安徽省留存很少。圣雅各教堂在设计中采用了中西方文化共存的手法，延续了建筑文化脉络，是古今建筑过渡时期的产物。它在西洋建筑风格中融合了清代中晚期芜湖民居常用的“勾山仰檐”的砌筑手法，对芜湖市的宗教建筑乃至现代建筑产生了重要的影响。2001 年 10 月，该教堂被公布为芜湖市重点文物保护单位。

圣雅各教堂紧邻正在施工的新花津路综合大桥引桥，大桥的建成必然会对圣雅各教堂的外部环境产生影响。经过多方调研，芜湖市政府提出，必须保持文物的原真性，且和周边环境相协调，体现其历史传承，最终决定将其向东平移 10m，以满足花津路扩建需求。

2010 年 6 月，原芜湖市文化委员会邀请河北省建筑科学研究院有限公司专业技术人员对圣雅各教堂进行平移工程的可行性研究，同时对新址进行勘探。同年 8 月，安徽省文物局批复同意圣雅各教堂实施整体平移保护。2011 年 3 月中旬，整体平移承担单位正式进驻圣雅各教堂；经过 4 个月施工，顺利完成圣雅各教堂整体平移，并通过国家专家组验收。本次平移对原教堂基础进行了扩截面加固，提高了地基承载能力，从根本上解决了地基不均匀沉降问题，同时平移完成就位时，建筑结构底部连接形成了整体桁架，教堂结构整体性显著增强，有效地保护了文物建筑上部结构原貌，保证了历史文化的传承。

## 1.5.2 工程图片（图 1-52~ 图 1-58）

52 53
54

图 1-52 圣雅各教堂原址
图 1-53 圣雅各教堂平移前
图 1-54 室内连系梁施工

图 1-55　铺设上轨道梁钢板滚轴
图 1-56　顶推平移
图 1-57　圣雅各教堂平移过程
图 1-58　圣雅各教堂平移到位

# 1.6 襄阳王府“绿影壁”扶正与抬升

## 1.6.1 工程概况

襄阳王府的“绿影壁”位于湖北省襄阳市襄阳城东南隅，建于明朝正统元年（1436年），坐北朝南，为襄阳王府门前照壁，因照壁由绿色泥片岩的石质材料构建而成，通体苍翠，故名“绿影壁”。与北京北海九龙壁、山西大同九龙壁和河南襄城文庙影壁并称为中国四大影壁。明崇祯十四年（1641年）襄阳王府被毁，仅存此绿石影壁。1956年被列为湖北省重点文物保护单位。2001年6月被列为第五批全国重点文物保护单位。照壁东西总长25.1m，厚1.68m。壁身高低错落，气势雄浑，由东堵、中堵与西堵呈“品”字形组合而成，东、西堵脊高5.6m，长6.5m；中堵脊高7.0m，长12.1m。须弥座，满雕游龙，庑殿式顶，飞檐脊吻，瓦面皆用石块雕成。壁身为大块绿色砂岩，深雕奔龙云水拼装而成。中堵为二龙戏珠于云水间。东西两堵各浮雕一出水蛟龙，向中间飞腾，似有夺珠之势。壁身用雕龙汉白玉条石嵌边，绿白相映、鲜明醒目。壁两侧浮雕海中琼岛仙山，全壁浑然一体。照壁周身雕琢着姿态各异的九十九条腾龙以及山岚云海等图案，海浪奔腾，绘声绘色，雄伟壮观。绿影壁设计之妙、雕刻之精、嵌镶之巧，堪称古代建筑和雕刻艺术之珍品。

据1984年资料记录，“绿影壁”当时东壁位南倾3° 1′，西壁位南倾2° 2′，2003年3月《襄樊市绿影壁倾斜变形观测技术工作总结及倾斜变形情况说明》实测结果显示，其南倾度总体超过4° 1′。另据湖北省第八地质大队于2003年3月所作的《襄樊市绿影壁文物管理处绿影壁场地岩土工程勘察报告》，关于绿影壁倾斜原因分析中提出“场地上部上层滞水相当丰富，且埋深浅，绿影壁场地地基土长期受其浸泡，造成地基土局部软化，引起该场地地基土承载力不均而失稳，导致绿影壁倾斜”，且绿影壁有继续倾斜的趋势。为此，襄樊市绿影壁管理处委托河北省古代建筑保护研究所与河北省建筑科学研究院有限公司共同制定了三套保护方案：拆除重建、壁后支撑墙体不拆除或重作支撑体系、对绿影壁实施整体扶正与抬升。经过比选，最终采用了整体扶正与抬升的方案。

2007年11月，襄樊市开始对倾斜的绿影壁扶正抬升，2009年9月完工。受国家文物局委托，湖北省文物局专家组对绿影壁进行了为期10个月的观察、测量，确认绿影壁扶正抬升达到国家文物局批准的各项技术指标。绿影壁的成功抬升扶正给古建筑的修复保护提供了理论和实践依据。

## 1.6.2　工程图片（图 1–59~ 图 1–62）

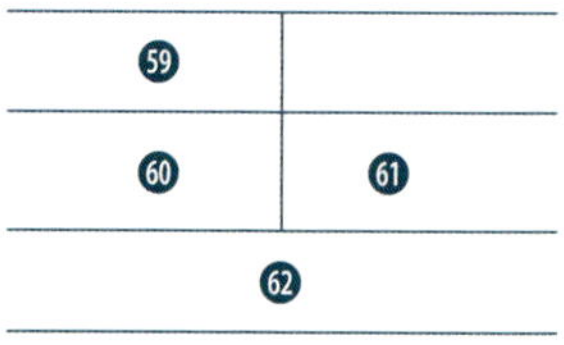


图 1-59　“襄阳王府绿影壁”保护标志碑
图 1-60　绿影壁的扶正抬升施工
图 1-61　绿影壁修复后 1
图 1-62　绿影壁修复后 2

# 1.7 河南省开封市延庆观玉皇阁整体顶升

## 1.7.1 工程概况

延庆观玉皇阁，又叫通明阁，位于河南省开封市包公湖东北部延庆观内，始建于元太宗五年（1233 年），已有近 800 年的历史，玉皇阁原建在高台之上，后屡遭水患埋于地下 3m。1984 年将玉皇阁基座挖出，使玉皇阁恢复了整体原貌。其建筑坐北朝南，通高 18.25m，分为上、中、下三层，全部是由青砖、青石和琉璃瓦件砌成，整个建筑不施梁木，结构严谨，富于变化，是一座无梁式的亭阁建筑，也是在中原乃至全国都非常罕见的、汉蒙文化巧妙结合的历史建筑，在中国道教史、建筑史、艺术史、民族关系史上占有重要地位。1988 年国务院将其公布为全国重点文物保护单位。

玉皇阁第一层（下层）为正方形，四四方方，四平八稳。第二层是一个八棱形的实体，这种从四方形向八棱形的突然转变，在古代建筑史上是十分罕见的，在八棱形的四周用碧绿琉璃瓦砌出了连续的山花，像一座座高大的山脉波澜起伏。在每个山尖上都有一个龙头，龙头朝内侧，龙的背上插有一把剑柄，古代人们认为鸱吻五行属水，将其放在房脊上可以起到镇除火灾的作用。其背上的剑，是为了起到装饰和加固房脊的作用。整个中层从外观来看内外互不相连却高低相应、浑然一体，并且每一层的装饰都互不遮挡。第三层是八角形亭阁，亭子的正南门门楣上有匾额，上书“玉皇阁”。玉皇阁的二、三层与底部之间无阶梯供攀登，增添了一种神秘之感。

因年久失修，加之所处地势低洼，墙基长年遭地下水浸泡，基础不均匀沉降致使玉皇阁多处墙体开裂，阁身向东北方倾斜，危及整体安全，亟须实施相关保护工程。

为加强对玉皇阁的保护，开封市文物部门曾于 2000 年 7 月组织专家制定了玉皇阁的“地质加固方案”和“止水帷幕方案”，并报国家文物局审批。国家文物局认为以上两方案不能彻底根治玉皇阁的地基病害，要求制定顶升方案。据此，河南省文物建筑保护设计研究中心和河北省建筑科学研究院有限公司于 2001 年年初至 2003 年 6 月制定了“延庆观玉皇阁整体顶升保护方案”，并由河南省文物局上报国家文物局。经过多次论证和征求各方面意见，2006 年 9 月 20 日，国家文物局下发了《关于同意开封延庆观玉皇阁顶升工程复工的函》。至此，玉皇阁顶升工程保护方案确定。

2008 年 5 月底，玉皇阁保护工程进行了公开招标，于 2008 年 11 月 21 日开工，开始实施整体顶升工程，2010 年 1 月 18 日顺利完成玉皇阁阁体顶升工作。

整体顶升的步骤包括现状加固、降水、托换、顶升、监测 5 个方面。通过施工单位的精细施工，玉皇阁整体顺利顶升，阁体整体抬高 3.1m。2010 年 6 月 1 日，通过了国家文物局委托河南省文物局组织的专家验收。经过多年观测，地基沉降平稳。该顶升工程彻底解决了阁体受地下水侵蚀的问题。延庆观玉皇阁整体顶升工程是通过基础加固和顶升手段对古建筑进行保护的又一成功范例。工程不仅永久性地解决了地下水对阁体的侵害，完整保存了元代地面的这一地理坐标，而且有效改善了玉皇阁的景观，再现了这一历史景观的宏伟雄姿。

### 1.7.2　工程图片（图 1-63~ 图 1-66）

图 1-63　顶升前的玉皇阁
图 1-64　顶升中的玉皇阁
图 1-65　顶升后的玉皇阁
图 1-66　玉皇阁现貌

2

# 长城修缮保护

长城是中国也是世界上修建时间最长、工程量最大的一项古代防御工程。长城修筑的历史可上溯到西周时期，明朝是最后一个大规模修筑长城的朝代。根据全国性长城资源调查结果，长城主要分布于中国北部和中部的广大土地上，明长城总长度为8851.8km，秦汉及早期长城超过 1 万 km，总长度超过 2.1 万 km，其中河北省境内长度约 2000km。长城被称为“上下两千多年，纵横十万余里”，与罗马斗兽场、比萨斜塔等列为中古世界七大奇迹之一。1961 年长城被国务院公布为第一批全国重点文物保护单位，1987 年被列入世界文化遗产。

河北省建筑科学研究院有限公司先后承担了山海关长城、涞源乌龙沟长城、张家口大境门、万全洗马林城、卢龙桃林口长城、卢龙永平府城墙、唐县倒马关、内丘县鹤度岭关城等多项长城遗产保护工程。结合工程实际，开展了多项长城保护科研课题。将现代无损检测、地质雷达探测、面波检测等技术通过试验研究，开发出了适用于长城结构安全性综合分析评价方法，应用指导长城修缮保护实际工程 15000m，积累了丰富的经验。城台类古建筑检测、评估及修复相关科研成果获河北省科技进步三等奖 2 项，河北省建设科技进步一等奖 4 项，河北省优秀工程勘察设计一等奖 1 项，河北省土木工程李春奖 1 项，出版专著 1 部。1 项工程收录于中国文物保护基金会组织编撰的《2015 中国古建筑行业年鉴》，为山海关长城的修缮保护提供了技术支撑。工程方案实施，并通过了国家、省级专家验收。

# 2.1 万里长城山海关修缮保护

## 2.1.1 工程概况

山海关长城位于河北省秦皇岛市，是明长城的重要关隘之一，也是万里长城的入海处。明洪武十四年（1381 年）中山王徐达将军筑城建关设卫，因其依山襟海，故名山海关。主要包括：山海关关城、老龙头长城、南翼长城、北翼长城、角山长城、三道关长城及九门口长城等地段。山海关地处辽西走廊要冲，北依燕山，南临渤海，高岭东环，石河西绕，山海之间距离仅 7.5km，关城居中，控扼咽喉，形势十分险要，为历来兵家必争之地，史称“两京锁钥无双地，万里长城第一关”。

山海关关城由关城城墙、东罗城城墙构成，城墙总长达 6km、高 11.6m、宽 10m，关城城墙墙体高大坚实，气势宏伟。在东、西、南、北建有四个城门，城中设有雄伟的钟鼓楼。东称“镇东门”，西称“迎恩门”，南称“望洋门”，北称“威远门”。东门镇东楼气势雄伟，因地处要隘，形势险要，又是万里长城东起第一关，故称“天下第一关”。东门现存有瓮城，外侧东罗城形制保留清晰。

东罗城设有东、南、北三门，东门称服远门，即关门，服远门门额上嵌有石匾，刻“山海关”三个大字。服远门外设瓮城，保留较为完整。

为保护文物，传承中华民族的优秀文化，2006 年 4 月，国家文物局启动山海关关城及东罗城 6000m 城墙修复项目，作为国家第一个长城整体保护项目，后期山海关长城保护工程列入首批国家长城文化公园建设项目。河北省建筑科学研究院有限公司先后承担了山海关关城及东罗城 6000m 城墙修复工程、山海关靖边楼至铁门关段长城修缮工程、山海关北城墙至角山段长城修缮保护工程综合检测、稳定性分析及评估，关城部分区段城墙修缮保护方案设计、施工。山海关城城墙因自然、人为等因素，地基不均匀变形，基础沉降滑移变形，墙体呈现开裂、滑塌、风化酥碱等病害，严重威胁文物本体安全。河北省建筑科学研究院有限公司通过采用无损检测、地基岩土勘察等综合技术手段，分析评估了城墙的安全性及病害原因，提出了科学合理的治理建议，为山海关长城的维修保护提供了技术支撑。

## 2.1.2　工程图片（图 2-1~ 图 2-14）

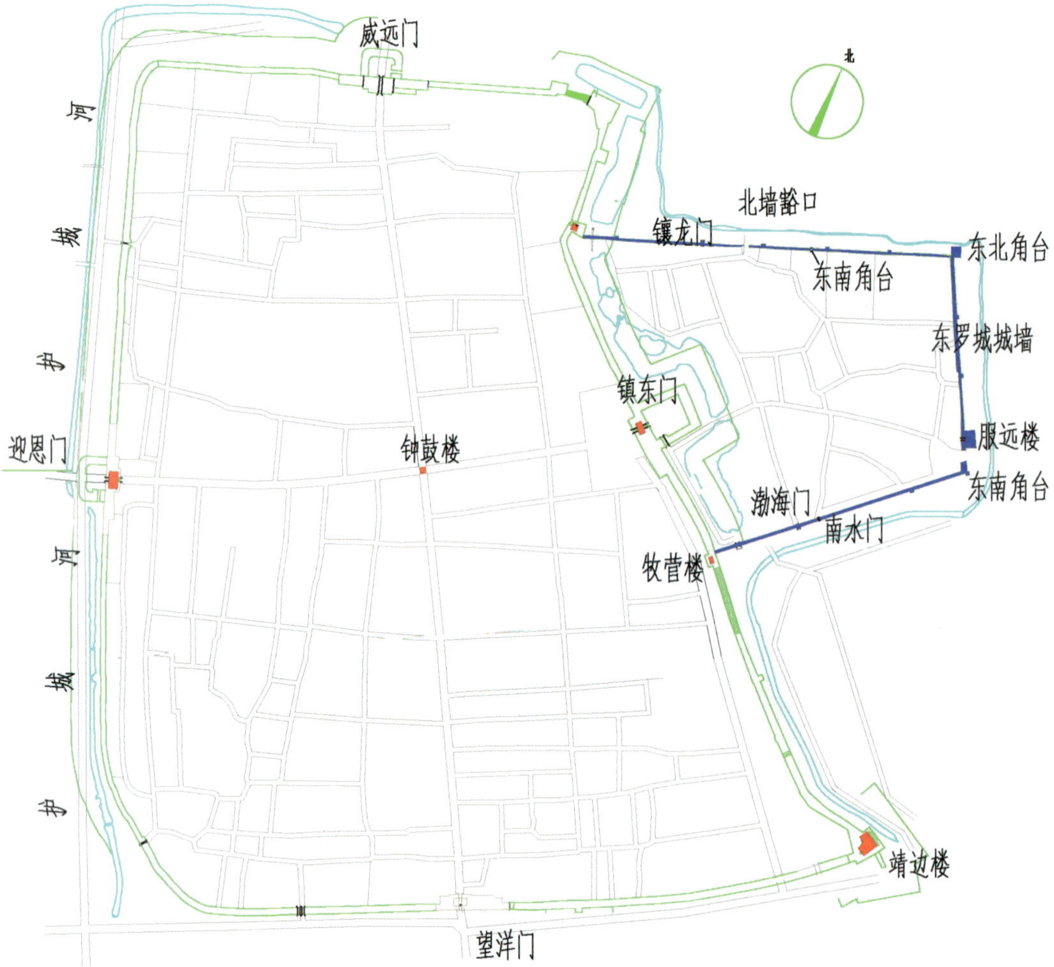

图 2-1　山海关关城平面布置图
图 2-2　天下第一关——山海关镇东楼

| | |
|---|---|
| ❸ | ❹ |
| ❺ | ❻ |

图 2-3　世界文化遗产
图 2-4　镇东楼雷达检测
图 2-5　城台无损检测
图 2-6　城墙病害检测

图 2-7　东罗城瓮城检测
图 2-8　关城城墙测试
图 2-9　城墙文字砖
图 2-10　敌台基础滑移

| ⓫ | ⓬ |
|---|---|
| ⓭ | |
| ⓮ | |

图 2-11　关城城墙墙体滑移
图 2-12　城墙地基加固
图 2-13　墙体砌筑
图 2-14　关城城墙墙体修缮后

# 2.2 涞源乌龙沟段长城修缮保护

## 2.2.1 工程概况

涞源乌龙沟段长城位于河北省保定市涞源县乌龙沟乡乌龙沟村大西梁山上，是全国重点文物保护单位，建于明万历年间，是明代长城关隘紫荆关路的重要组成部分，属内长城的一部分。

乌龙沟段长城敌台和墙体构思奇妙，建造结构、修造艺术颇为精湛，是河北省内明长城中非常精彩的地段之一。

乌龙沟段长城建造宏伟，砖石砌筑结构，墙身略呈梯形，墙外侧设垛口，上有瞭望口、射眼。敌台平面为方形，平面布置呈“回”字形；敌台结构竖向为“三段式”，下段为条石基础，中段为城砖墙体，上段为垛口墙。整个敌台分上下两层。敌台之间城墙墙体外部为毛石灰泥砌筑，内部墙芯采用土石夯筑。

由于自然侵蚀及人为破坏等因素，乌龙沟段长城出现局部坍塌、墙体鼓闪、敌台严重渗水、门券下沉变形等诸多安全隐患，亟须抢险加固处理。为此，该段长城修缮保护项目列入国家文物局全国首批长城抢险保护示范项目。

2013 年，河北省建筑科学研究院有限公司承接了涞源乌龙沟段长城抢险保护工程。工程范围包括涞源 11 号敌台至涞源 14 号敌台及其间墙体，共 4 座敌台，约 260m 墙体。

在项目实施过程中，公司结合遗产周边环境条件，研制了适合山区施工的运输轨道车及索道等运提设备，共搭设索道塔架 2 座，用于材料及设备的运输，减轻了劳动强度，提高了工作效率，保证了施工安全；通过分析该段长城的病害成因，提出了对敌台顶部墁砖进行桐油钻生，城墙顶部陡峭处设置片石拦水，垛口墙顶部砌筑与环境协调的石块等保护技术，解决了长城本体的防渗及防排水问题，同时保证了文物保护工程质量和整体效果。

在国家文物局、河北省文物局组织的项目验收中，该项目得到了专家的高度肯定，专家们一致认为工程整体质量优良、观感效果好，严格遵守了“最少干预”“不改变文物原状”和“可识别性”的原则。在排除此段长城险情的同时，最大程度上保护了长城的真实性、完整性和自然、古朴的整体风貌。

工程成果收录于中国文物保护基金会组织编撰出版的《2015 中国古建筑行业年鉴》。

## 2.2.2 工程图片（图 2-15~ 图 2-26）

图 2-15 “万里长城（乌龙沟段）”保护标志碑
图 2-16 修缮前乌龙沟长城墙体
图 2-17 修缮前乌龙沟长城敌台
图 2-18 修缮乌龙沟长城敌台

图 2-19　敌台顶部桐油钻生
图 2-20　索道运输原料
图 2-21　修缮后敌台铺房
图 2-22　修缮后敌台顶面

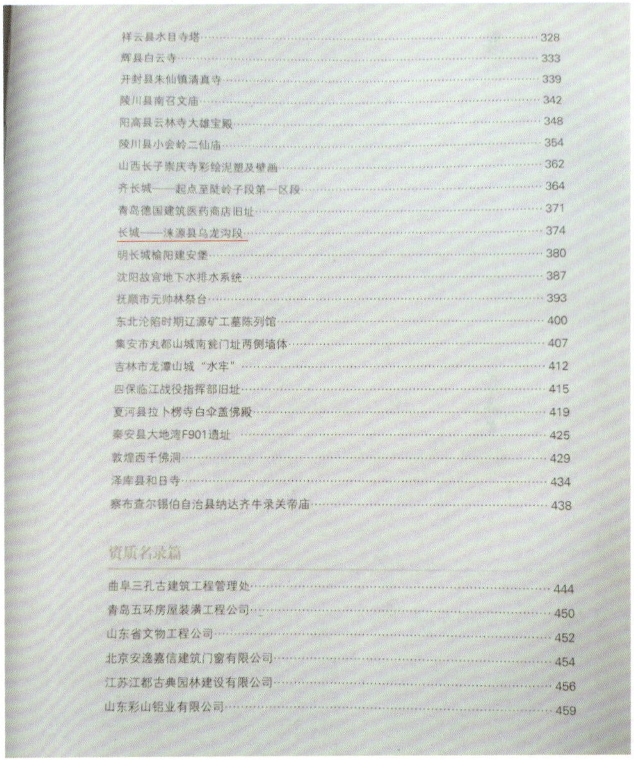


| | |
|---|---|
| 23 | 24 |
| 25 | 26 |

图 2-23　修缮后长城墙体
图 2-24　修缮后乌龙沟长城全景
图 2-25 《2015 中国古建筑行业年鉴》封面
图 2-26 《2015 中国古建筑行业年鉴》目录

# 2.3 张家口大境门城台及东侧长城墙体加固保护

## 2.3.1 工程概况

张家口大境门位于河北省张家口市桥西区，为明长城著名边关隘口之一。它踞长城之要隘，扼边关之锁匙，为明宣府镇长城河北段的重要关口，在国内外学术界被列入与山海关、居庸关、嘉峪关同样重要的关口。1982 年河北省人民政府公布其为省级文物保护单位，2013 年国务院公布其为全国重点文物保护单位。

明洪武元年（1368 年），由徐达督兵修补该段长城，始设此关。大境门段长城公布的始建年代为明永乐十年（1412 年），有学者认为此段长城是在北魏长城的基础上修建的。明成化二十一年（1485 年）此段长城包砖甃石。嘉靖八年（1529 年）守备张珍在长城北城墙开一小门，曰“小北门”，因门小如口，又由张珍开筑，称之为“张家口”。到了清顺治元年（1644 年），又开设了大境门，蒙汉开始更加频繁的交流，张家口也开始走向繁荣。1909 年清朝政府从北京至张家口修建了中国第一条实用铁路“京张铁路”。

我国万里长城的关口都以“关”“口”称谓，而只有张家口的这个关口被称作“境门”，这其中既包含着“商文化”和“武文化”的魅力，也流淌着民族融合的历史渊源。从隆庆五年（1571 年）起，张家口大境门外元宝山一带，逐渐形成了我国北方与来自蒙古草原和欧洲腹地客商进行国际易货贸易的内陆口岸。1927 年察哈尔督统高维岳在大境门门楣上书写的“大好河山”四个颜体大字，苍劲有力，颇为壮观，更为大境门增添了风韵。

大境门造型朴实厚重，它所体现的粗犷苍劲、限而不拘的气势，在整个长城文化中是绝无仅有的。由于年久失修，大境门承台及东侧部分墙体出现了不同程度的裂缝、歪闪、空鼓等现象，城墙顶部海墁地面下沉，这些病害严重影响结构的安全稳定性。

河北省建筑科学研究院有限公司分别于 2012 年和 2014 年承担了该工程的综合检测及稳定性分析和加固修缮工程。针对威胁大境门长城墙体安全和稳定性的主要病害，首先采取先进的综合技术方法，对存在的病害进行调查、检测、分析评估，确定病害危害程度，本着最小干预原则，采取将传统材料、形制和工艺做法与现代技术相结合的方法，应用注浆、锚杆等工程措施，同时采取墙体顶面加强防排水措施，消除了安全隐患，最大限度地保留了历史信息和历史环境风貌，最大限度地保护了这一珍贵文化遗产的价值，工程顺利地通过了省级文物行政主管部门组织的文物保护工程竣工验收。

## 2.3.2 工程图片（图 2-27~ 图 2-37）

㉗ 图 2-27 大境门段长城

㉘ 图 2-28 “大境门长城”保护标志碑

图 2-29　雷达检测券洞病害
图 2-30　无损检测病害
图 2-31　雷达检测城墙顶部病害
图 2-32　城台墙体空鼓

| | |
|---|---|
| 33 | 34 |
| 35 | 36 |
| 37 | |

图 2-33 临时支撑保护
图 2-34 墙体加固
图 2-35 揭除海墁顶面处理
图 2-36 修缮后的城台顶面
图 2-37 修缮后的大境门

# 2.4　河北内丘鹤度岭关城抢险加固保护

## 2.4.1　工程概况

鹤度岭位于河北省邢台市内丘县与山西省晋中市昔阳县交界处，属太行山分水岭，因山高入云、陡峭险峻、唯鹤可度而得名。鹤度岭关城位于鹤度岭之上，建于明嘉靖二十年（1541 年），属明代内长城，历史上是河北和山西两省交界处的重要关隘。

现鹤度岭关城尚存城墙与箭台一座，围城内有石刻曰“鹤度仙踪”“万年天堑”，古县志称：“山峰巉峻，唯鹤可度”。鹤度岭山势东侧壁立险峻，西侧坡势较缓。该段长城建在两坡交界的山脊，东侧沿山涧有蜿蜒小路下山；西侧凭山险铸就，呈南北走向。关城整体保存基本完好，有北、西、南三面主城墙，关城东西长约 50m，南北长约 55m。关城东北、东南现存两段与关城相接的长城墙体，分别向东北、东南方向各延伸约 40m，与两侧悬崖峭壁相衔，形成一道“一夫当关，万夫莫开”的天然屏障，虽久经风雨侵蚀，但仍保留令人叫绝的雄姿。

鹤度岭关城作为明代重要关口，是当时百姓生活交流的纽带，是保卫关内农业文明与和平生产环境的屏障。千百年来，围绕此关口展开的攻防之争，构成了明代及后期军事活动的主要内容之一，一系列的守城战略战术体系也由此而产生。鹤度岭长城的存在，对当时的军事发展、农业发展、文化交流等，都有着极其重大的意义。

由于自然侵蚀及人为破坏，墙体损毁、坍塌，垛口全毁，门涧坍塌，现存的关城主墙体已经失去原有的完整性。现存主墙体 80% 存在砌石松动、墙体开裂、根系植物丛生、墙体外鼓等现象，严重影响遗产的完整性和安全性。为真实、完整地将鹤度岭关城这一历史遗存加以保护，河北省建筑科学研究院有限公司承担了内丘县鹤度岭关城保护修缮方案设计及施工。根据病害原因，按照原形制，采用原工艺、材料，对坍塌墙体基础加固、门券拆砌、墙体择砌加固、修复关城墙体散水等，消除安全隐患，再现关城雄姿。

该工程于 2018 年 5 月竣工，2019 年 7 月顺利通过河北省文物局验收。

图 2-38 “明长城—鹤度岭关”保护标志碑

图 2-39 鹤度岭关城

图 2-40 鹤度岭古驿道

图 2-41 关城北墙坍塌

42
43
44

图 2-42　关城城门坍塌
图 2-43　修缮后城墙顶部
图 2-44　修缮后关城

3

# 京杭大运河文物修缮保护

大运河由京杭大运河、隋唐大运河、浙东运河三部分构成，全长近 3200km，开凿至今已有 2500 多年，是中国古代创造的一项伟大工程，是世界上距离最长、规模最大的运河，展现出我国劳动人民的伟大智慧和勇气，传承着中华民族的悠久历史和文明，是一部书写在华夏大地上的宏伟诗篇。大运河河北段总长约 530km，属京杭大运河，称南运河，水流向北，成为海河水系的一支，为全国重点文物保护单位、世界文化遗产。

河北省建筑科学研究院有限公司积极参与大运河文化带建设，充分发挥专业技术、人才优势，利用现代施工技术和传统工艺结合，先后承担了景县华家口夯土险工修缮保护工程、清河县油坊码头及险工保护与环境治理工程、泊头清真寺修缮保护等运河文化遗产保护项目，为大运河文化带建设做出了积极贡献，获得河北省土木工程李春奖 1 项。

# 3.1 河北景县华家口夯土险工修缮保护

## 3.1.1 工程概况

河北省衡水市景县华家口夯土险工，位于京杭大运河南运河左岸景县安陵镇华家口村东南。据景县志记载，大运河景县段开挖于隋大业四年（608年），通航于隋大业七年（611年）。直至中华人民共和国成立初期，大运河景县段一直承担着繁重的航运任务。大运河华家口段历史上曾多次决堤，给当地百姓带来了深重灾难，也影响了作为当时运输大动脉的航运。华家口夯土险工原建于清宣统三年（1911年），由时任知县王为仁主持修建，自该险工修好后，大运河华家口段不再有决堤记录，一直沿用至今，现为引黄济津水道，也是我国大运河申遗项目的重要组成部分。2012年，河北省建筑科学研究院有限公司承担了华家口夯土险工修缮保护工程。

现存险工坝体全长约255m，位于运河转弯处，坝体呈梯形，总体为南北走向。坝体采用黄土、白灰加糯米浆夯筑，基础钉锚柏木桩的工艺，结构合理，坝体弧形曲线符合流体力学原理，受力面合理，最大限度地缓解了河水的冲刷，经过一个多世纪河水的冲刷和几次大洪水的侵袭，主体结构依然较好。现存险工坝体携带了丰富的历史信息，突出反映了北方大运河上坝体遗产的特点和价值，也体现了当时施工工艺的科学性，是中国古代利用夯土技术建设水工设施的实物证据，成为研究古代水利工程不可多得的实物资料，再现了中国近代在漕运水利设施中夯筑的先进工艺。修建以来不仅有效防御了河水及洪水冲刷大堤，保护着运河左岸华家口等村庄和大片耕地的安全，也保证了运河的畅通。

由于年代久远和河水的冲刷浸泡，坝体底部木桩已糟朽，19世纪50年代坝体整体下沉，下部淤积，坝体暴露部分多处开裂，局部开始风化酥碱。为保护和传承好这一重要文化遗产，2012年8月20日，河北省建筑科学研究院有限公司开始对该险工进行全面保护加固维修。

本次修缮保护工程采用传统材料和工艺，设置坝基钉锚抗侧移木桩，在修缮保护过程中最大限度地保留了该险工的原真性和完整性，该工程顺利通过省级、国家验收。申遗过程中，联合国教科文组织世界遗产委员会国际古迹遗址理事会专家莉玛·胡贾女士到华家口夯土险工现场考察评估大运河河北段申报世界文化遗产项目，对险工修缮保护工作予以充分肯定。

2014年6月22日，在卡塔尔多哈召开的联合国教科文组织第38届世界遗产委员会大会，将景县华家口夯土险工作为重要组成部分的中国大运河列入《世界遗产名录》。

## 3.1.2　工程图片（图 3-1~ 图 3-9）

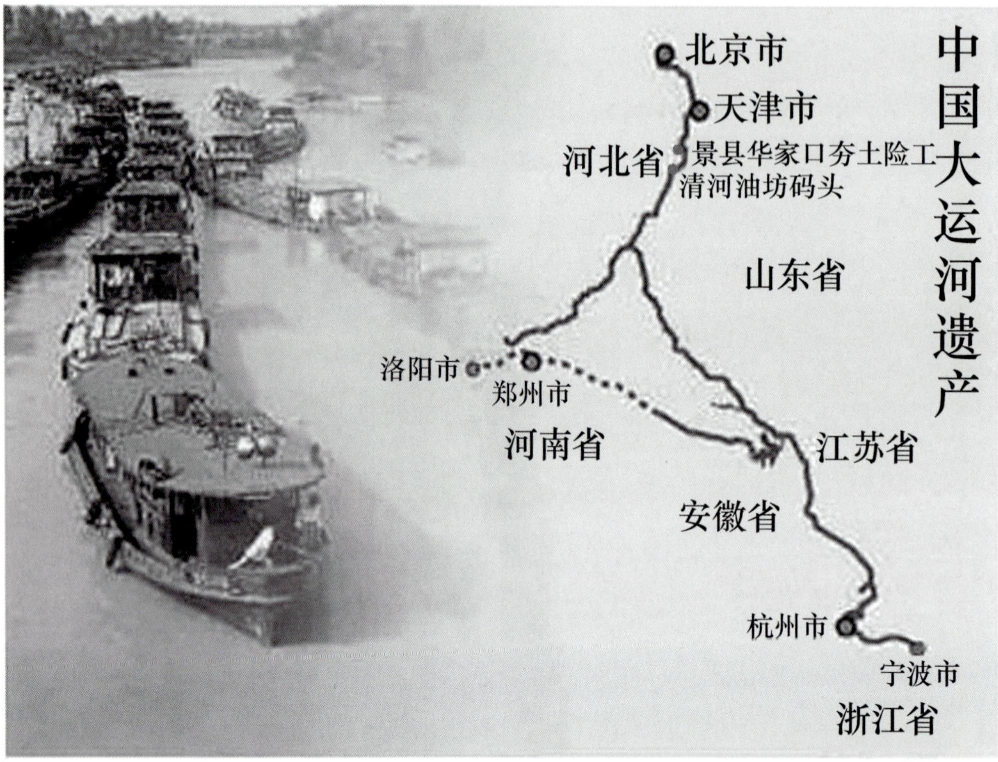

图 3-1　中国大运河遗产分布示意图
图 3-2　文化遗产
图 3-3　“中国大运河 · 华家口夯土险工”保护标志碑

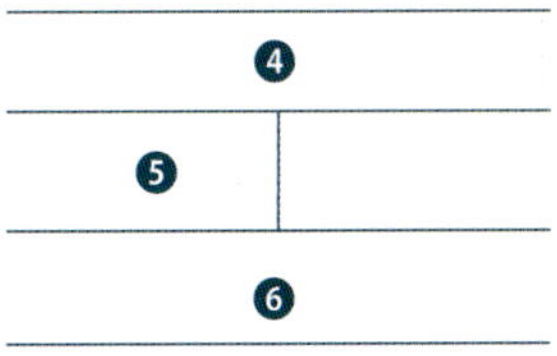


图 3-4 坝体病害
图 3-5 修缮前技术人员现场调研
图 3-6 坝基抗侧滑加固

图 3-7　夯筑阶梯状灰土夯土层
图 3-8　修缮后坝体顶部
图 3-9　修缮后坝体

# 3.2 河北清河油坊码头及险工修缮保护

## 3.2.1 工程概况

河北清河县油坊码头位于河北省邢台市清河县油坊镇东大运河西岸，属于中国大运河的重要组成部分，是中国大运河河北段仅存的砖砌码头。

据油坊镇北王庄《王氏家谱》记载，明建文四年（1402年），王守中、王充德、王明德从山东寿光县大王庄迁居广平府清河县王家庄（今油坊镇北王庄）。明永乐年间，王充德在村南开设油坊榨油为生，再后李姓迁此定居，发展成村，油坊遂成村名。明朝中期后，随着运河航运的发展，油坊因其位置处于水陆要道、商贾云集而称为油坊集。清朝中期油坊集改称油坊镇，成为清河商埠重镇。油坊码头是大运河上较有名气的水陆码头、物资集散交流中心，是河北清河、威县、南宫、故城以及山东高唐、夏津、武城等地的商品集散地，被人们誉为“清河县的小上海”。

油坊码头修建于明清时期，清光绪十九年（1893年）、民国十六年（1927年）曾两次增修加固。按运输对象分为客运、煤运、粮运、盐运等不同类型的码头，设六处码头，与十二段险工连为一体，随河西岸略呈南北走向，全长922.8m，这种对码头功能与空间利用的布置，扩大了码头工作空间，增加了营运量，减少了拥堵，在当时生产力的条件下，具有一定的先进性和科学性，对研究古代水利工程历史具有重要价值。

清河县油坊码头及险工所处的卫运河为蜿蜒型平原河流，油坊段处于凹岸位置，易被洪水冲刷。为防止河岸崩塌，危及堤防和村庄安全，破坏码头正常运营，码头及险工采用青砖叠涩平砌护岸，将覆盖式平顺护岸与矶头护岸相结合，其设计符合现代护岸工程的规划原则，且一直沿用至今，体现出极高的科学价值。

码头停用后，其险工段仍然沿用至今。油坊码头现存基本完好，因废弃时间较长，被河道内淤土掩埋，部分码头残损和风化。险工个别部位有裂缝及酥碱现象。为保护和展示这一重要的运河文化遗产，按国家文物局批复的维修方案，搬走沉积的淤土和垃圾，拆除码头通道内后砌的红砖墙体，按照码头原有青砖形制大小，依照原墙体的厚度、高度及倾斜角对通道进行恢复性修缮，让码头尽可能地恢复原貌。

2014年，河北省建筑科学研究院有限公司承担了该码头及险工工程的修缮与环境整治工程，主要对6处码头及其险工河堤进行修缮保护，环境治理。2015年该项目顺利通过省级专家验收。

### 3.2.2　工程图片（图 3-10~ 图 3-18）

图 3-10　“中国大运河 · 清河油坊码头”保护标志碑
图 3-11　修缮码头过程
图 3-12　修缮险工

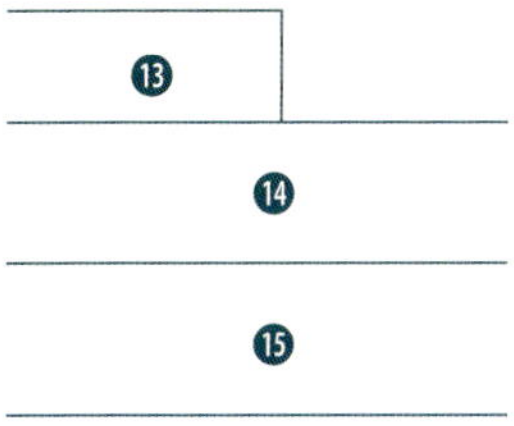

图 3-13　修补码头灰缝
图 3-14　3 号码头清理
图 3-15　1 号码头修缮后

⑯
⑰
⑱

图 3-16　3 号码头修缮后
图 3-17　4 号码头修缮后
图 3-18　修缮后险工

4

# 工业遗产修缮保护

自19世纪后半叶洋务运动以来，特别是1949年后的不同历史时期，留下了很多宝贵的工业遗产。这些工业遗产不仅见证了我国近现代工业化不同寻常的发展历程，也蕴藏着丰富的历史文化价值，是人类文化遗产的重要组成部分。做好工业遗产保护利用，对更好地积淀前人的文化和智慧，展现中华民族百折不挠的奋斗足迹，弘扬优秀中国工业精神，增强民族凝聚力，坚定文化自信具有十分重要的意义。

近年来，河北省建筑科学研究院有限公司充分发挥企业自身的技术、人才和设备优势，积极开展工业遗产保护技术研究，采用注浆加固技术、结构补强技术，消除了工业遗产建筑结构的安全隐患，研究成果获得河北省科技进步三等奖1项、河北省建设科技进步一等奖2项，完成了全国重点文物保护单位、国家级工业遗产——井陉正丰矿工业建筑群以及华北制药厂办公楼等多项工业遗产保护项目，1项工程收录于《2018中国古建筑行业年鉴》。

# 4.1 井陉正丰矿工业建筑群修缮保护

## 4.1.1 工程概况

井陉矿区正丰矿工业建筑群位于河北省石家庄市原井陉矿务局第3矿区内，包括办公生活区、正丰矿生产区，由段祺瑞及其家族于1913年投资兴建，是我国最早兴建的近代煤矿之一，是十分珍贵的近代民族工业历史文化遗产。国务院公布其为全国重点文物保护单位，工信部公布其为国家级工业遗产。

办公生活区，俗称段家楼，包括总经理办公大楼、小姐楼、公子楼、小偏楼、煤师院、三角地高级职员住所、地道、北斜井等西洋建筑楼群。附属建筑有凉亭、长廊、水塔、喷水池、古戏楼等，构成了集亭、台、楼、阁、长廊、甬道、古柏、花坛庭院风光为一体的异域风情私家园林。总占地面积16.32万$m^2$，建筑面积1.2万$m^2$，现存建筑面积约9000$m^2$，是国内保留最完整的德式建筑群。

工矿生产区，包括1号大井口、蒸汽机绞车房、发电厂、水塔、发电厂一号机组厂房、凤山火车站等建筑，占地面积约20万平方米。

河北省建筑科学研究院有限公司承担了正丰矿工业建筑群的建筑工业遗产保护，完成了包括总经理办公大楼、小姐楼、公子楼、小偏楼、煤师院、三角地高级职员住所、龙凤观日亭、日本人住宅等修缮保护项目。

1. 小姐楼修缮保护

小姐楼建筑面积871$m^2$，占地面积306$m^2$，为地上两层、地下一层的四坡顶西式建筑，砖木承重结构体系，屋顶为西式直坡顶，屋顶四周有混凝土挑檐。

建筑设东、西、南三个出入口，东面为主入口，面对花园的凉亭和院门。建筑的东、南、北三面带围廊，东面当心间处围廊凸出，平面为圆弧形，并形成二层的圆弧形大平台，围廊由砖柱与石柱承托拱券，整体建筑端庄大方。

小姐楼建成已有百余年，由于前期缺乏维护且伴有自然侵蚀等因素导致小姐楼出现诸多病害，如屋顶瓦面酥碱破损、屋顶漏水，屋架构件糟朽、变形开裂，木楼地板断裂糟朽，楼梯侧梁变形开裂等。工程施工过程中严格遵守“不改变文物原状”的文物保护修缮原则，遵照原形制，采用原工艺，屋面瓦件采用原材质，更换为牛舌瓦，对部分墙体进行结构补强，消除了安全隐患，展现了往日风采。

小姐楼修缮工程于2017年8月竣工，并通过河北省文物局验收。

2. 龙凤观日亭抢险修复

龙凤观日亭平面为长方形，三开间，石木结构，由八根八面见方的石柱巍然托起。木质屋顶构架，尖山式歇山屋顶，外檐彩绘。亭顶单檐翘首、筒瓦覆盖。亭顶上除了传统带纹饰的脊件外，还有四尊国内特有的北洋士兵的脊件。

2017年7月11日下午5点25分，矿区出现了罕见的强对流天气，瞬时风力达十级，龙凤观日亭倾倒，其石柱断裂倒塌，部分木构架断裂，屋面全部垮塌。2018年，河北省建筑科学研究院有限公司严格遵守“最小干预”的原则，采用传统材料和工艺做法，加固主体结构，真实完整地恢复建筑的历史原貌和建筑特色，历经5个月，顺利完成龙凤观日亭抢险修复。

3. 总经理办公大楼修缮保护

总经理办公大楼为地上二层、地下一层砖木结构，坐西朝东，正门向东，寓意“紫气东来”，建筑面积2170.63m$^2$。平面接近方形，西侧连接长方形餐厅，内部分区分明，兼具娱乐、办公功能，一层外部由石柱、砖柱构成回廊，方便进入，二层出阳台，视野开阔。

青石台基，外侧蘑菇石贴面，地下室与室外相互连通。砖墙、砖柱、石柱组成纵向承重体系，木梁、木枋等组成横向承重体系。屋面挂瓦条上部直接铺设牛舌瓦，无苫背层，减小了屋面的自重，为下部承重结构减轻荷载。室内踢脚线、天花板起鼓走线充满立体感。一层枕木下部做板条抹灰吊顶、苇箔吊顶，上部做木地板，中间铺设炉渣，起到很好的保温、防潮效果。上部为木楼板，中间形成中空保温层，弥补了屋面无苫背层，保温效果差的缺陷，体现出设计者的良苦用心。地下室内设置供暖设备，为总经理办公楼提供热源，并连接地道，具备设备空间、地下防空、紧急逃生等多种功能。

总经理办公大楼由于年久失修及材料自身特性等原因，出现屋面瓦顶漏雨、局部墙体风化酥碱、木构件糟朽等问题，存在较大的安全隐患。2019年，河北省建筑科学研究院有限公司对其进行了修缮施工，施工过程中严格遵守“不改变文物原状”的文物保护修缮原则，主要工程内容为屋面查补、揭瓦修缮，大木构件、门窗的整修、补配，墙体的拆砌、加固修复处理，吊顶、墙面抹灰及油饰的重做。

4. 三角地高级职员住所修缮保护

三角地高级职员住所为单层砖木结构建筑，包括南房、北房，坐落在小姐楼后面的三角地带，23间尖顶瓦房分两排呈A字状排列，因南房、北房建筑组合布局似三角形而得名。前檐木柱围合成过廊，悬山建筑，三角木屋架，双坡牛舌瓦屋面，博缝板间施悬鱼，造型极具西洋风格。

由于长期风雨侵蚀，缺乏定期维护，人为拆改以及材料的自然老化等原因，出现屋面瓦顶漏雨、局部墙体风化酥碱、抹灰脱落、木构件糟朽等问题，存在安全隐患。2021年，河北省建筑科学研究院有限公司对其进行了修缮施工，施工过程中严格遵守“最小干预”的文物保护修缮原则对其进行修缮，主要工程内容为屋面揭瓦，更换残破、碎裂的瓦件，重做墙面抹灰，挖补酥碱的墙砖，更换糟朽的椽子、檩条、博缝板、挂檐板、连檐等木构件，更换糟朽的木门、木窗，重做板条抹灰吊顶，恢复木地板。

5. 煤师院修缮保护

煤师院坐西朝东，坐落在总经理办公大楼西南部，单层砖木结构建筑。为德国煤矿工程师居住，随着地形呈刀把状排列。目前仅存 4 座院落，每座院落由正房、佣人房、厨房、杂物室组成独立院落，单院建筑面积约 212.77m$^2$。三角木屋架，悬山顶，双坡牛舌瓦屋面，博缝板间施悬鱼。

由于自然风雨侵蚀、冻融、人为拆改，木构件有不同程度的糟朽、开裂，瓦件残破、破裂，屋面漏雨。2021 年，河北省建筑科学研究院有限公司对其进行了修缮施工，工程施工过程中严格遵守“最小干预”的原则，采用传统材料和工艺做法进行整修，主要工程内容为修补屋面，更换残破、酥碱的瓦件；清除水泥地面，恢复室内木地板；更换糟朽的博缝板、椽子等木构件。

6. 公子楼修缮保护

公子楼包括公子楼小北楼和公子楼小中楼，每座公子楼独立成院，始建于 1913 年。公子楼为地上二层、地下一层砖木结构建筑，悬山瓦顶，坐西朝东，平面呈“凹”字形，建筑面积约 489.00m$^2$。院落内有单层佣人房，设置于楼后部，通过长廊与主楼相连，体现出中国传统的等级观念。楼内一层卧室内有铸铁工艺壁炉、暖气，为建筑提供热源，楼板与吊顶之间设中空保温层，减少热源流失，节能环保。地下室设通风口，与室外连通，方便储备物品。一层前檐出半圆形月台，上部置欧式砖柱，砖柱上部二层挑出半圆形阳台，具有典型的欧式建筑特征。

由于年久失修，公子楼局部地基不均匀沉降，墙体开裂，屋面瓦顶风化、糟朽渗漏，存在较大的安全隐患；单层佣人房、连廊屋架塌落。2020 年，河北省建筑科学研究院有限公司对其进行了修缮施工，工程施工过程中严格遵守“不改变文物原状”的文物保护修缮原则，对地基及墙体进行加固处理，对文物本体进行了修缮及修复，真实完整地恢复了建筑的历史原貌和建筑特色。

7. 小偏楼修缮保护

小偏楼始建于 1913 年，紧邻总经理办公大楼，二层砖石木结构，坐西朝东，平面接近“Z”字形，外部为青石台基将大楼托起，内设楼梯通往二楼，曾作为矿警办公居所。小偏楼一层原为木地板，现仅存局部，其余均为水泥地面，部分隔断为板条抹灰隔断，减轻自重。楼板与板条抹灰吊顶之间设炉渣保温层，起到较好的隔热、防潮效果，二层为苇箔吊顶。设地下室，方便储备物品，地下室由红砖砌筑墙体，并设通风口，与室外连通。局部为人字屋架，部分檩直接置于墙体上部，无梁架支撑，牛舌瓦悬山坡屋面。

小偏楼由于年久失修、人为改建及材料自身特性等原因，屋顶瓦面风化酥碱，屋面渗漏，楼板木构件糟朽，存在较大的隐患。2020 年，河北省建筑科学研究院有限公司对其进行了修缮施工，工程施工过程中在充分结合正丰矿工业建筑群建筑工艺与特色的基础上，采取有效修缮措施和加固技术，修缮因自然力和历史期间不当使用、修缮、改造所造成的各种损害，制止病害蔓延，使文物建筑的建筑信息和历史文化信息，都能得到真实有效的保护与延续。

## 4.1.2　工程图片（图 4-1~ 图 4-37）

| ❶ | ❷ |
|---|---|
| ❸ | |

图 4-1　“正丰矿工业建筑群”保护标志碑
图 4-2　段家楼工业遗产园
图 4-3　总平面图

❹
❺ ❻

图 4-4 修缮前小姐楼
图 4-5 修缮前病害
图 4-6 修缮施工文物保护

| | |
|---|---|
| 7 | 10 |
| 8 | 11 |
| 9 | |

图 4-7　钉装挂瓦条
图 4-8　小姐楼修缮后东立面
图 4-9　小姐楼修缮后北立面
图 4-10　小姐楼修缮后南立面
图 4-11　龙凤观日亭倒塌

⑫
⑬
⑭

图 4-12　龙凤观日亭损毁
图 4-13　龙凤观日亭修复脊檩安装
图 4-14　龙凤观日亭修复安装圆椽

| | |
|---|---|
| 15 | 16 |
| 17 | 18 |
| 19 | 20 |

图 4-15　龙凤观日亭修复正脊
图 4-16　龙凤观日亭油饰
图 4-17　修复后龙凤观日亭西立面
图 4-18　修复后龙凤观日亭东立面
图 4-19　修缮前总经理办公大楼
图 4-20　屋顶木窗修缮

图 4-21 室内装饰修缮
图 4-22 修缮后总理办公大楼
图 4-23 修缮后大厅 1
图 4-24 修缮后大厅 2

25
26
27

图 4-25　修缮后总经理办公大楼餐厅
图 4-26　三角地高级职员住所施工中
图 4-27　三角地高级职员木构架油饰

图 4-28 三角地高级职员住所屋面施工中
图 4-29 修缮后三角地高级职员住所
图 4-30 煤师院施工中
图 4-31 煤师院室内地暖沟展示

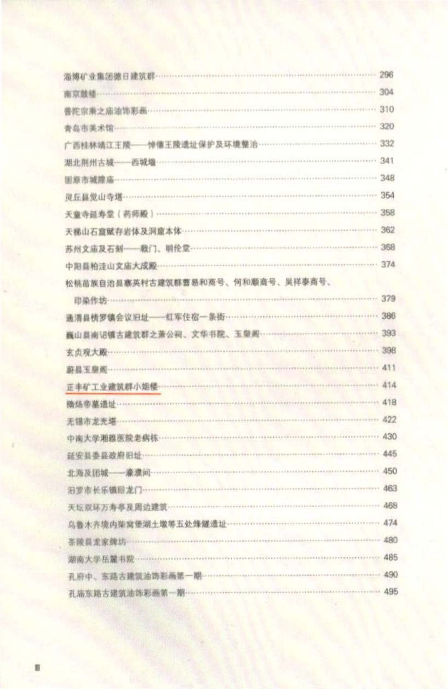


图 4-32　煤师院室外红砖铺墁
图 4-33　修缮后煤师院
图 4-34　修缮后公子楼
图 4-35　小偏楼
图 4-36　《2018 中国古建筑行业年鉴》封面
图 4-37　《2018 中国古建筑行业年鉴》目录

# 4.2 华北制药厂办公楼修缮保护

## 4.2.1 工程概况

华北制药厂办公楼（以下简称“华药办公楼”），位于河北省石家庄市和平路与体育大街交口东北角（和平东路 217 号）。华北制药厂是中华人民共和国成立后 156 项重点工业建设项目之一，系 1955 年由苏联援建的苏式建筑，1957 年建成，曾是亚洲最大的抗生素生产厂，结束了我国青霉素、链霉素依赖进口的历史，在业内被称为中华人民共和国的“医药长子”。淀粉塔在全国首次使用升模法建造。华药办公楼是石家庄市区内保存规模最大、最完好、最具代表性的俄式建筑，被河北省人民政府公布为省文物保护单位，2019 年 4 月 12 日，入选“中国工业遗产保护名录”。

华药办公楼坐北朝南，平面呈“凹”字形。整体建筑东西长 221.02m，南北宽为 25.85m，高度为 23.5m，总建筑面积为 19744.48m$^2$；楼高 3 ～ 4 层，中间部分为 5 层。华药北办公楼西楼、东楼和中楼的三、四层为生产厂房，中楼的一、二、五层为附属办公；西楼是淀粉生产线，东楼为葡萄糖生产线；西楼四层最西端为一间舞厅，房间内部分顶部线条和灯池基本完好，苏式风格。楼主体为砖混内框架结构，基础形式墙下为毛石条形基础，柱下为混凝土独立基础。

华药办公楼具有浓郁的苏式建筑风格，该楼在中楼中间部位一、二层设有两个高大券洞形通道，作为进出厂区大门。大门为券洞式、对称的两座圆拱门，宽度均为 3.7m，门高约 6.0m，为中楼的两层楼的高度，至今仍沿用当年的铁栅栏大门。

虽历经数十年的风雨剥蚀、历次地震的考验，华药办公楼建筑主体依然完好，建筑样式精美，风格统一，规模庞大，从中既能看到建筑艺术价值，也能发掘出工业文化遗产价值。半个世纪以来，华药办公楼见证了我国医药工业的发展与变迁，期间虽多次整修，但楼的整体结构没有改变。

华北制药厂办公楼东楼、中楼、西楼始建于 1955 年，现均已超期“服役”，根据河北省建筑工程质量检测中心出具的检测鉴定报告显示，该建筑目前许多结构构件存在承载能力不足的问题。河北省建筑科学研究院有限公司受华北制药股份有限公司委托，抽调精干的专业技术人员，参与完成了该项目的楼体鉴定性检测、文物修缮保护设计方案、消防工程设计方案、施工图设计以及结构加固施工等工作。

## 4.2.2　工程图片（图 4-38~ 图 4-45）

图 4-38　历史照
图 4-39　“华北制药厂办公楼”保护标志碑
图 4-40　外墙窗口造型修缮
图 4-41　外门制作

图 4-42 外墙抹灰修缮
图 4-43 楼内修缮后
图 4-44 修缮后整体效果 1
图 4-45 修缮后整体效果 2

5

# 革命文物修缮保护

党的十八大以来，习近平总书记就革命文物保护利用工作作出一系列重要指示。习近平总书记强调，“加强革命文物保护利用，弘扬革命文化，传承红色基因，是全党全社会的共同责任。”

河北省建筑科学研究院有限公司主动作为，先后承担了井陉矿区中央人民广播电台旧址、涉县八路军一二九师司令部旧址建筑群、南宫八路军一二九师东进纵队司令部旧址、张家口察哈尔民主政府旧址等革命文物的建筑遗产保护项目。这些项目采用本公司的科研成果，进行了结构的病害检测、安全评估和修缮施工，为弘扬革命文化，传承红色基因发挥了积极作用。

# 5.1 井陉矿区中央人民广播电台旧址修缮保护

## 5.1.1 工程概况

井陉矿区中央人民广播电台（原陕北新华广播电台）旧址位于河北省石家庄市井陉矿区天户村，建于 1948 年。1949 年，中央人民广播电台随中央直属机关迁往北京，天户村电台成为中央人民广播电台第一转播台，直到 1953 年 6 月，中央人民广播电台全部人员、设备迁出后，天户广播电台才停止转播。

作为当时国内最大的转播台，解放战争“三大战役”的胜利捷报从这里播出，“七届二中全会”的政策宣读，“土地法大纲”的颁布和开国大典的实况广播都是通过这里传遍全中国，传向欧洲、太平洋，这是一段令矿区人民无比自豪和骄傲的历史。当时这里有 40 多名工作人员，为了加强保卫，最著名的中央警卫第一师的一个连在此驻守。2001 年 2 月，该旧址被列为河北省重点文物保护单位。

电台旧址大楼为南北走向的两层砖木结构楼房，长约 25m，宽约 20m，高约 10m。由电台大楼、发射铁塔 2 座、石窑洞、工作人员住房、配电机房、地下防空洞及其疏散廊道等建筑组成。

2017 年，河北省建筑科学研究院有限公司承担了井陉矿区中央人民广播电台旧址保护及展示工程的项目策划、保护方案编制及实施。在实施过程中，遵守“文物保护”原则，尊重历史，采取了合理的修缮保护措施，对地下防空洞采取注浆防渗技术，对电台大楼采取揭瓦修缮、恢复楼层木结构，加固圈梁，原址修复石窑洞，修复周边院落等，恢复了电台旧址空间布局，再现了历史环境风貌。

## 5.1.2　工程图片（图 5-1~ 图 5-11）

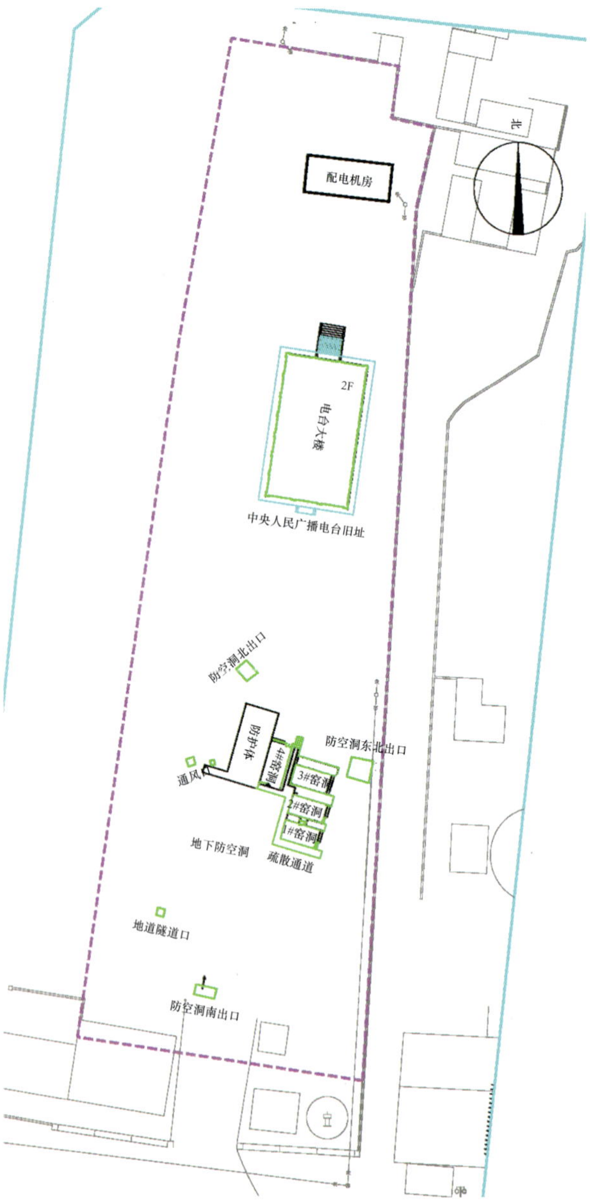

图 5-1　平面示意图
图 5-2　“中央人民广播电台旧址”保护标志碑
图 5-3　中央人民广播电台旧址历史照片
图 5-4　修缮前大楼北立面

| ❺ | ❻ |
| --- | --- |
| ❼ | |

图 5-5 修缮前大楼旧址
图 5-6 修复一层大梁
图 5-7 安装挂瓦

图 5-8　修复吊顶
图 5-9　修缮后南立面
图 5-10　修缮后电台旧址 1
图 5-11　修缮后电台旧址 2

# 5.2 涉县八路军一二九师司令部旧址建筑群修缮保护

## 5.2.1 工程概况

涉县八路军一二九师司令部旧址位于涉县县城西北5km清漳河西岸赤岸村；由下院、上院、后院、伙房院、卫生站院、裁缝店院、夜校院七个北方民族风格的四合院及防空洞组成，占地面积为3444.71m$^2$；包括会议室、办公室、机要室、作战室、房东居室等建筑单体30余处，多数建筑为单层砖木结构，小式硬山建筑，干槎瓦屋面，机要室为二层木结构。

从1940年12月到1945年12月，八路军一二九师在这里驻扎整整5年之久。师长刘伯承、政委邓小平在此建立了全国面积最大的抗日革命根据地——晋冀鲁豫革命根据地，为全民族抗日战争胜利和解放事业作出了巨大的贡献。

1996年11月，国务院公布其为全国重点文物保护单位；1997年6月，中宣部公布其为全国百个爱国主义教育示范基地；2021年2月，河北省公布其入选第一批革命文物名录。

受八路军一二九师纪念馆的委托，河北省建筑科学研究院有限公司承担了该旧址建筑群的修缮保护项目的方案设计、项目施工等工作，编写了《八路军一二九师司令部旧址建筑群（涉县）修缮保护工程设计方案》，采用原结构、原形制、原材料、原工艺对文物进行整修，对该旧址存在安全隐患的14处文物建筑本体及其院落进行了修缮，对变形墙体进行了加固，对移位梁架打牮拨正，消除了安全隐患，对渗漏屋面进行了揭瓦修补，保护了革命文物的历史信息，达到了修缮保护的预期效果。

## 5.2.2 工程图片（图 5-12~ 图 5-26）

图 5-12 一二九师司令部旧址总平面图
图 5-13 “一二九师司令部旧址”保护标志碑
图 5-14 修缮前旧址大门

| | |
|---|---|
| ⑮ | ⑯ |
| ⑰ | ⑱ |
| ⑲ | |

图 5-15　修缮前刘伯承宿办室
图 5-16　修缮后刘伯承宿办室
图 5-17　修缮前房东居室
图 5-18　修缮后房东居室
图 5-19　修缮后旧址

图 5-20　司令部旧址下院
图 5-21　刘邓旧居院门
图 5-22　修缮瓦顶
图 5-23　后院大门修缮中
图 5-24　修缮后下院会议室室内

25 图 5-25 修缮后后院大门
26 图 5-26 修缮后旧址大门

# 5.3 张家口察哈尔民主政府旧址修缮保护

## 5.3.1 工程概况

张家口察哈尔民主政府旧址，现为宣化博物馆，位于河北省张家口市宣化区。1930年由察、冀、晋、鲁4省5个教区联合，在宣化古城牌楼西街50号修建的“若瑟总修院”，是一座融汇中西建筑风格的四合院。

察哈尔民主政府旧址为三进四合院建筑群，系砖柱带檐廊的二层砖木结构，中西合璧、布局合理、古朴典雅、整齐庄重。中院二层楼为典型的欧式建筑，门岗、檐廊也带有明显的西方建筑风格。前院正房为带前后檐廊的清代平房建筑，实属少见。

1945年11月，根据晋察冀边区政府的决定，具有重大历史意义的察哈尔人民代表会议在宣化召开，会上选举产生了中国共产党历史上第一个民主的行政省级人民政府，并将此地作为察哈尔民主政府办公驻地。

2013年，国务院公布其为全国重点文物保护单位；2021年2月，河北省公布其入选第一批革命文物名录。

受张家口市宣化区文物管理所的委托，河北省建筑科学研究院有限公司承担了该旧址保护修缮方案设计及施工工作，对旧址进行了勘察并编写了修缮设计方案。

经省文物局批准，根据对察哈尔民主政府旧址的现状勘测、原因分析和残损的发展趋势分析，河北省建筑科学研究院有限公司对察哈尔民主政府旧址进行了全面的保护修缮，包括对屋面局部进行揭瓦，更换瓦件；对大木构件进行检修，更换糟朽、劈裂木构件；对裂缝墙面局部进行拆砌，以保持墙体稳定性。

采用原结构、原形制、原材料、原工艺等措施对文物进行修缮，消除了安全隐患，保证了文物本体安全，同时最大限度地保留了革命文物的历史信息，达到了修缮保护的预期效果。

### 5.3.2 工程图片（图 5-27~ 图 5-33）

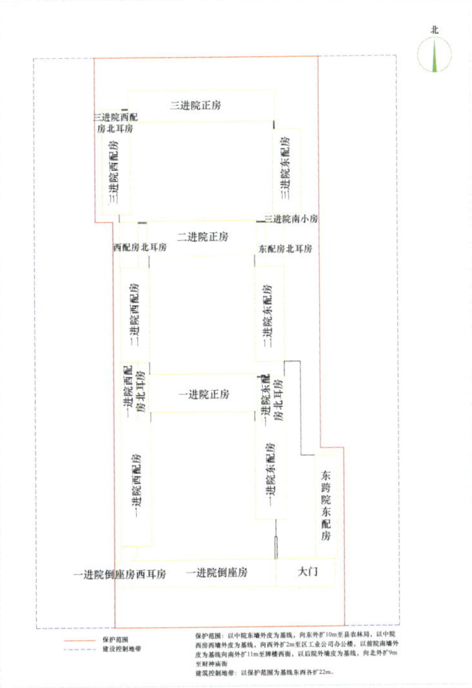


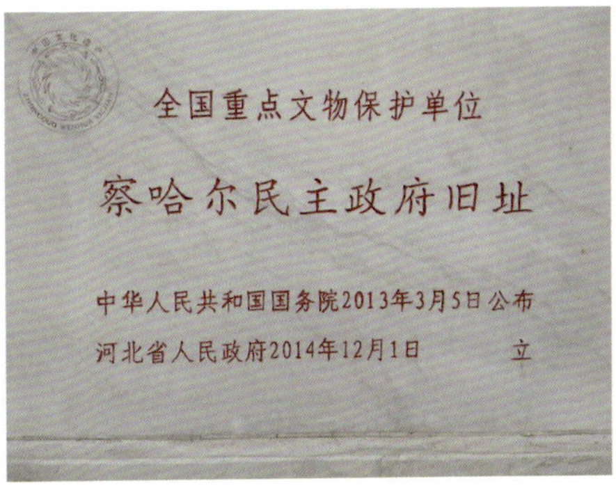


图 5-27　察哈尔民主政府旧址平面图
图 5-28　“察哈尔民主政府旧址”保护标志碑
图 5-29　二进院正房修缮

图 5-30　整修屋面
图 5-31　修补墙面
图 5-32　墙面修补后
图 5-33　二进院东配房修缮后

6

# 古墓葬修缮保护

中国的古墓葬分布很广，历年来发掘出土了大量历史价值较高的珍贵文物。这是探讨不同时代、地区和社会阶层埋葬习俗以及所属时代社会生活状况的重要实物资料。古墓葬保护是文化遗产保护的重要组成部分。

河北省建筑科学研究院有限公司先后完成了满城中山靖王墓、宣化下八里辽墓群、遵化清东陵景陵等古墓葬的保护，并结合工程实际，开展了防渗关键技术研究和古建筑砖砌体回弹检测技术研究。其研究成果达到国际先进水平，获河北省科技进步三等奖 1 项、河北省建设科技进步一等奖 3 项、河北省优秀工程勘察设计二等奖 1 项，并获得发明专利授权 1 件。

# 6.1 保定满城中山靖王墓防渗保护

## 6.1.1 工程概况

保定满城中山靖王墓位于河北省保定市满城区满城镇守陵村陵山主峰东坡，是西汉中山靖王刘胜及其妻窦绾之墓，又称满城汉墓。

1968 年，中国人民解放军某部在陵山施工时偶然发现满城汉墓，后经周恩来总理亲自批示发掘。墓葬凿山为陵，依岩建墓。墓室规模庞大，随葬品豪华奢侈，共出土金缕玉衣、长信宫灯等遗物 1 万多件，其中两套完整的金缕玉衣葬服和长信宫灯，是闻名中外的重要发现。该墓葬是我国目前保存最完整、规模最大的山洞墓室，1988 年被国务院公布为全国重点文物保护单位。

刘胜夫妇墓，南北并列，墓门相距约 120m，坐西朝东，开凿山岩做墓室，分为墓道、甬道、南耳室、北耳室、中室和后室 6 部分，整个墓室完全模拟墓主生前所居宫殿建筑。刘胜墓东西全长 51.7m，南北宽 37.5m，最高处 6.8m，容积约 2700$m^3$。窦绾墓东西长 49.7m，南北宽 65m，最高处 7.9m，容积达 3000$m^3$。洞室顶部作拱形或穹窿顶，壁作弧形，墓内有排水设施。刘胜墓的甬道、耳室和中室，窦绾墓的中室，均建有瓦顶木构房屋。

满城汉墓的发现，为研究西汉时期诸侯王的墓葬结构和埋葬制度提供了重要的考古资料，充分体现了中国古代汉族劳动人民的勤劳和智慧，也为研究我国汉代冶炼、铸造、漆器、纺织等手工业和工艺美术发展情况提供了重要资料。

中山靖王墓遗址位于灰岩地区，墓室采用火烧工艺而成。自从发掘以后，墓室的顶部和侧壁岩石墙体一到雨季就出现渗漏。随着时间的推移，雨季雨量偏大时渗漏现象尤为突出，严重影响了墓室内文物安全和墓室的正常开放。

经国家文物局批准，同意对墓室进行防渗试验研究，为防渗治理提供技术支撑。河北省建筑科学研究院有限公司承担了此项试验研究，同时联合河北省古代建筑保护研究所实施了防渗治理工作。从 2013 年开始，公司针对墓室周围岩体，开展了系列研究；通过现场钻探、压水试验、全孔壁数字成像技术、井间地震 CT 检测等多种手段，分析了岩体特征和渗透规律；通过现场注浆试验和理论分析，提出了防渗勘察、分析及施工成套技术；采用注浆形成止水防渗幕墙，通过顶面堵塞裂隙、铺设复合土工织物等综合措施，解决了关键工程技术难题，防渗效果良好，消除了隐患。该工程项目于 2016 年通过河北省文物局专家验收。

### 6.1.2　工程图片（图 6-1~ 图 6-10）

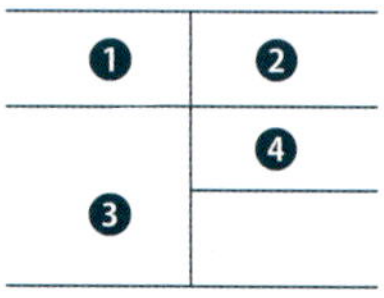

图 6-1　“满城汉墓”保护标志碑
图 6-2　满城汉墓
图 6-3　长信宫灯
图 6-4　刘胜的金缕玉衣

5

6

7

图 6-5 全孔壁数字成像检测
图 6-6 压水试验
图 6-7 防渗注浆

❽ ❾
❿

图 6-8　土工格栅顶面防渗
图 6-9　设置排水沟
图 6-10　防渗护坡

# 6.2　宣化下八里辽壁画墓群防渗治理

## 6.2.1　工程概况

宣化下八里辽壁画墓群位于河北省张家口市宣化区河子西乡下八里村，系辽代晚期汉族监察御史张世卿张氏家族墓地。该墓群于 1993 年被评为“全国十大考古发现”之一，1996 年被国务院公布为全国重点文物保护单位。

1998 年，该墓群发现圆形双室砖墓 10 座，正式发掘 6 座，出土文物 3 万多件。其中两座墓内壁及墓顶绘满壁画，总面积达 156m$^2$。壁画内容表现人物 76 位，包括出行、散乐、茶道、对弈等画面，其中绘在张世卿墓墓顶的天文图，将中国传统二十八宿记星法与西方古巴比伦黄道十二宫融合在一起，是我国至今发现得最早的一幅中西合璧天文图。该墓群是一处规模宏大、墓葬分布集中、墓葬形式多样、保存完好的辽代壁画墓群，在全国尚属首见。

宣化下八里墓群墓室建在地下 4~5m 处，均坐北朝南。墓葬形制有双室墓、单室墓，有方形、圆形、六角形、八角形等。墓葬由墓道、墓门、墓室组成，大部分为砖雕仿木结构。

墓室内由于长期渗水，导致室内空气潮湿，墓室内壁画出现污染、褪色、酥碱、脱落及空鼓等问题，受到不同程度的损坏。为阻止墓室壁画进一步受损，抢救性保护文化遗产，河北省建筑科学研究院有限公司和河北省古代建筑保护研究所共同承担了墓群保护工程项目。河北省建筑科学研究院有限公司编制了防渗治理设计方案并进行实施，根据墓群渗漏特征和壁画保护要求，分析周边土层渗漏条件，通过试验提出了科学合理的治理措施，采用土工织物与土层注浆综合技术在墓群周边建立起立体防渗网，保护了文化遗产，达到了预期效果。

## 6.2.2　工程图片（图 6-11~ 图 6-16）

| ⑪ | ⑫ |
|---|---|

图 6-11　墓群地表
图 6-12　“宣化下八里辽壁画墓群”保护标志碑

图 6-13　辽代壁画墓道口
图 6-14　墓穴内壁画
图 6-15　防渗帷幕
图 6-16　墓群分布

# 6.3 遵化清东陵景陵圣德神功碑楼修缮保护

## 6.3.1 工程概况

清东陵位于河北省唐山市遵化市马兰峪镇，始建于顺治十八年（1661年），共有帝陵5座，分别为孝陵（世祖福临，顺治）、景陵（圣祖玄烨，康熙）、裕陵（高宗弘历，乾隆）、定陵（文宗奕詝，咸丰）、惠陵（穆宗载淳，同治），后陵4座，妃园寝5座，公主陵1座，埋葬着5位皇帝、15位皇后和136位妃嫔等。

孝陵居陵区的中心，诸陵分列两侧，神道和桥梁纵横交错，黄绿琉璃瓦殿顶，画栋朱垣，汉白玉石殿陛、栏杆互相辉映。清东陵是我国现存规模宏大、建筑保存完整的皇室陵寝，为世界文化遗产和全国重点文物保护单位。

景陵圣德神功碑楼又称景陵大碑楼，始建于雍正三年，雍正五年完成。楼内双碑记载着康熙皇帝一生的丰功伟绩，是陵寝的标志性建筑之一，1952年遭雷击起火，梁架等木件焚毁，石碑、须弥座外皮、柱顶石等酥裂。现存景陵圣德神功碑楼遗址仅剩砌筑墩台，底部尺寸约25.5m×25.5m，墩台顶部楼台尺寸约17.8m×17.8m，残存部分高约13.6m。

为了解遗址结构现状，并为清东陵景陵圣德神功碑楼修复工程提供科学技术支撑，清东陵文物管理处委托河北省建筑科学研究院有限公司对遗址结构现状进行综合检测、分析评估。公司于2012年实施了研究评估工作。

根据现场条件，遵照文物修缮保护的工作原则，结合公司的科研成果，专家采用无损检测技术与微破损检测技术相结合的方法，充分考虑各种工况条件，对遗址病害和结构状态进行了检测和分析评估，为保护工作提出了科学建议，使这一世界文化遗产保护工作顺利完成。

## 6.3.2 工程图片（图6-17~图6-22）

⑰ ⑱

图6-17 “清东陵”保护标志碑
图6-18 圣德神功碑楼

图 6-19　雷达检测
图 6-20　超声检测
图 6-21　圣德神功碑楼遗址
图 6-22　修复后的圣德神功碑楼

7

# 古城址修缮保护

燕赵大地历史悠久，文化灿烂。古城承载着历史的故事、辉煌的记忆。通过保护古城，可以更好地展示古城神韵，讲好历史故事，传承中华文明。

河北省建筑科学研究院有限公司先后承担了国家考古遗址公园建设项目——赵王城考古遗址公园、燕下都遗址、正定古城、永年城、永平府城、尧山城址、古驿站鸡鸣驿城等多项古城保护工程，对古城保护工程的夯土稳定性、承台抗震性能等关键技术进行了研究。其研究成果达到国际先进水平，获得河北省科技进步三等奖 1 项、河北省建设科技进步一等奖 3 项，获发明专利授权 2 件。公司为保护燕赵优秀文化，传承中华文明做出了贡献。

# 7.1 邯郸赵王城国家考古遗址公园修缮保护

## 7.1.1 工程概况

赵王城，位于河北省邯郸市复兴区、丛台区。赵敬侯元年（前 386 年）迁都于此，至公元前 228 年赵亡于秦，历时一百余年，是我国目前保存最为完好的战国古城址。1961 年被国务院公布为第一批全国重点文物保护单位，2013 年列入第二批国家考古遗址公园立项名单。

赵王城分宫城和郭城两部分，周长约 25km，城址面积十余万平方米。宫城由 3 个小城组成，平面呈“品”字形。城内有众多的夯土台基，以龙台最大（考古报告称一号夯土基址），南北长 296m，东西宽 264m，高 19m。

赵王城遗址西城为边长约 1420m 的正方形城址，西城西垣南城门考古标称 4 号门阙，位于王城西城内主体建筑——龙台的东西轴线上，向东与王城内龙台相呼应，推测为王城的西向正门。

4 号门阙台遗迹分南北两阙，对称排列于门道外左右两侧，平面呈“凹”字形，与城门形成一个完整的建筑整体，是我国考古发现最早的城门阙台建筑的实例。4 号门阙现存夯土墙基东西方向约 60m，最高点相对高度约 5m。城门遗址由城壕、门阙、门道及城垣内侧防排水设施 4 部分组成。

为积极推进赵王城国家考古遗址公园建设，受河北省邯郸市赵王城文物管理处委托，河北省建筑科学研究院有限公司先后承担了赵王城一号夯土基址（龙台）保护工程、赵王城 4 号门阙保护工程。公司发挥技术、人才和设备优势，通过深入调查、检测、分析，找出了病害及成因，制定了治理方案，遵照考古遗址公园建设理念，提出了保护展示方法，编制了详细的技术路线并组织实施，经过近 5 年的努力，完成了遗址公园建设重要内容，取得了良好效果。

## 7.1.2 工程图片（图 7-1~ 图 7-7）

❶ ❷

图 7-1 “赵邯郸故城”保护标志碑
图 7-2 “赵王城遗址”保护标志碑

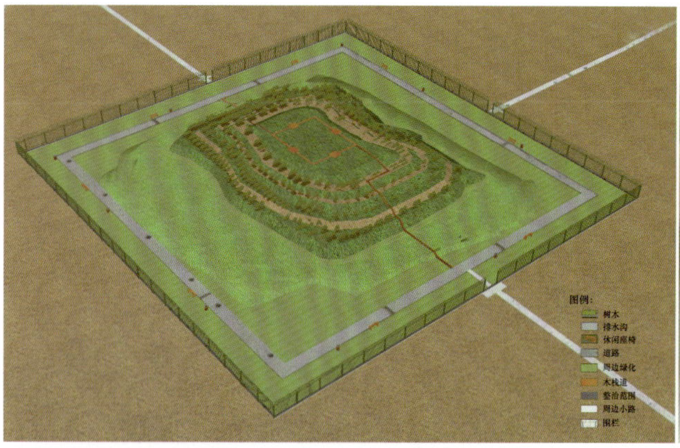


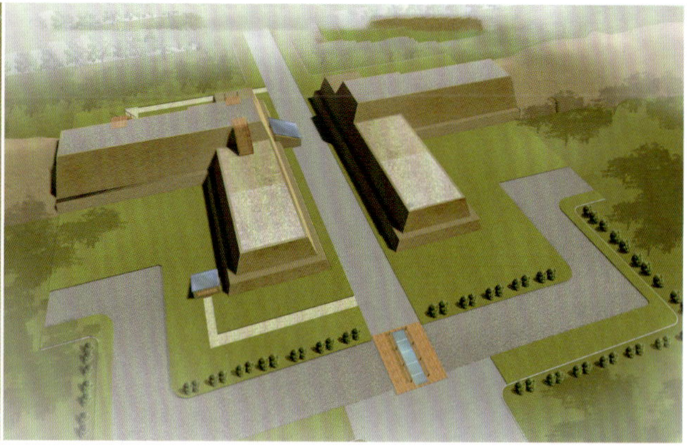

| | |
|---|---|
| ❸ | ❹ |
| ❺ | ❻ |
| ❼ | |

图 7-3　龙台保护效果图
图 7-4　4 号门阙模拟展示效果
图 7-5　4 号门阙修缮
图 7-6　模拟修复 4 号门阙
图 7-7　模拟修复 4 号门阙西立面

# 7.2 易县燕下都遗址保护

## 7.2.1 工程概况

燕下都遗址位于河北省易县高陌乡北易水和中易水之间，建于战国末期燕昭王时代（前 311 年），为东周燕国的下都遗址。城垣遗迹东西长约 8km，南北宽约 4km，是战国都城遗址中面积最大的一座，城址面积 40km$^2$。

城址中部有一道隔墙，将城分为东、西二城。东城平面呈方形，分为宫殿区、手工业作坊区、居民区、墓葬区、古河道区 5 个部分，文化遗存相当丰富，保存较好。西城为一防御性的附城，遗存较少。

燕下都遗址于 1961 年被国务院公布为第一批全国重点文物保护单位。2001 年 3 月被评为“中国 20 世纪 100 项考古大发现”之一，同年，国家文物局将其列入百项重大遗址保护项目。

燕下都遗址东城现存地上遗址路家台、小平台、武阳台、张公台、望景台、老姆台等均坐落在燕下都古城东城的中轴线附近，一起构成了都城宫殿建筑组群，朱家台为东城内隔墙的建筑基址，为夯筑建筑遗址，属燕下都遗址的重要组成部分。朱家台、路家台和小平台受自然界的雨水冲蚀、冻融，加之当地村民在其周边多年耕种、灌溉、取土等，严重威胁了这一文化遗址的安全。

为了解上述遗址结构现状并为燕下都遗址保护提供技术支撑，河北省建筑科学研究院有限公司受易县燕下都文物保管所委托，对燕下都遗址的路家台、朱家台、小平台遗址进行勘察、稳定性分析及补充设计。公司于 2012 年 6～10 月开展了相关工作，采用地质雷达、原位测试等方法，综合分析病害形成机理，评价对遗址的影响，提出治理措施，为后期保护提供了技术支撑。

### 7.2.2　工程图片（图 7-8~ 图 7-12）

| | |
|---|---|
| 8 | 9 |
| 10 | 11 |
| 12 | |

图 7-8　“燕下都遗址”保护标志碑
图 7-9　燕下都遗址
图 7-10　现场测量
图 7-11　燕下都城墙遗址
图 7-12　现场雷达检测

# 7.3 正定古城墙修缮保护

## 7.3.1 工程概况

正定古城墙始建于十六国时期，北周、唐、宋、金、元、明、清各代均有不同规模修筑，现存城墙为明代建筑。明正统十四年（1449 年），都御史陆矩会、御史陈金增为加强城池防御修建，城墙周长 12km，高约 10m，宽约 7m，并有护城河，时为土城。明隆庆五年（1571 年），真定知县顾授购砖石大修，在城墙夯土外加砌一层灰砖以加固，后经知县周应中申请府库银六万余两续建，至万历四年（1576 年）方竣工；万历十八年（1590 年），又重修了四城门、月城及角楼。

正定县历史上曾与保定、北京并称“北方三雄镇”，正定古城墙是中国现存较少的明代城墙遗存。2013 年 5 月，正定古城墙由国务院核定公布为第七批全国重点文物保护单位，正定城内现有全国重点文物保护单位 9 处，省级文物保护单位 5 处，县级文物保护单位 24 处。

由于历史原因和近年城镇建设的发展，正定古城除现存城门外，其余多为土城。东城门已埋于国防工事之下，南存里城门和瓮城门，西存里城门和瓮城门，北存里城门及月城门。2014 年 10 月 1 日，获得国家文物局批准立项正定城墙修缮工程暨南门系统保护修缮工作正式启动。

河北省建筑科学研究院有限公司与河北省古代建筑研究所合作，承担了正定古城墙南门新开三门洞的设计，东南角台、西南角台的勘测和安全性评估，正定城墙修缮工程暨南门系统工程瓮城南城台遗址保护展示工程的设计，正定城西城门的检测及加固设计，城墙修缮工程材料评价等工作。公司通过勘察、检测、评估，掌握了城墙病害特征，提出了治理建议，为正定古城墙修缮保护工程提供了有力支撑。

## 7.3.2　工程图片（图 7-13~ 图 7-24）

图 7-13　“正定城墙”保护标志碑
图 7-14　城墙坍塌
图 7-15　南门系统图
图 7-16　修缮前西门

⓱
⓲
⓳

图 7-17　修缮前城墙
图 7-18　修缮前角台
图 7-19　南城墙新设通道

| | |
|---|---|
| 20 | 21 |
| 22 | 23 |
| 24 | |

图 7-20　修缮后西门
图 7-21　修缮后南城墙
图 7-22　修缮后城墙
图 7-23　修缮后月城城墙
图 7-24　修缮后南门广场

# 7.4 邯郸永年广府古城修缮保护

## 7.4.1 工程概况

永年城又称广府古城，位于河北省邯郸市永年区广府镇，永年城是历代郡县所在地，始建年代不详，曾为窦建德夏王朝的都城。元朝呈九里十三步，自明嘉靖二十一年（1542年）起，广平府知府陈组调集九县民工，历时十三年将土城包砌为砖城，高12m，宽8m，周长4522m。古城周围28km$^2$的洼淀，长年积水，芦苇丛生。

广府古城是冀南地区保存完好的一座府级城池，城内保存着武氏太极创始人武禹襄的故宅、杨氏太极创始人杨露禅的故宅。2006年5月，国务院公布其为全国重点文物保护单位。2007年广府古城被评为中国历史文化名镇。

永年城的整体呈方形布局，由东、南、西、北四面城墙围合而成，现存有东、西瓮城。城墙夯土断面呈下宽上窄的梯形结构，由外包砖墙、夯土墙芯、顶面、垛口墙、女墙等构成，有利于夯土本体的结构稳定。

永年城外地势低洼，俗称永年洼，多为水面和沼泽等湿地，古城外环绕护城河，城墙与护城河共同形成一座坚实的防御体系，同时兼有蓄洪作用。永年洼由于长年积水，芦苇茂盛，享有“北国小江南”“第二白洋淀”的美称。

受自然侵蚀破坏等影响，部分墙体出现青砖酥碱破损、灰浆流失、墙体裂缝等问题。城墙墙体多次因暴雨出现险情，局部发生坍塌。受邯郸市广府生态文化园区管委会委托，河北省建筑科学研究院有限公司承担了永年城城墙抢险加固保护工程。公司首先对城墙的结构病害分布特征、周边环境状况进行勘察，通过引用公司研究成果，采用综合技术手段进行系统分析研究，找出病害原因，分析影响程度，并遵守“有效排除险情、最小干预”的保护原则，编制了保护方案，提出治理建议和措施，为永年古城保护提供了及时有效的技术保障。

## 7.4.2 工程图片（图7-25~图7-31）

图7-25 “永年城”保护标志碑
图7-26 永年城南瓮城老照片

| | |
|---|---|
| 27 | 28 |
| 29 | 30 |
| 31 | |

图 7-27　永年城西城墙裂缝分布现状
图 7-28　城墙外包砖砌体坍塌
图 7-29　北城墙坍塌
图 7-30　西城墙外立面墙体修缮前
图 7-31　南城墙内立面墙体现状

# 7.5 卢龙永平府城墙修缮保护

## 7.5.1 工程概况

卢龙永平府位于河北省秦皇岛市卢龙县，明洪武三年（1370 年），在卢龙设置永平府。古城平面呈不规则矩形，北部尖而窄，南部相对宽阔，东西长约 1165m，南北长约 1200m，周长约 4900m。2013 年 5 月，国务院公布其为全国重点文物保护单位。

永平府古城历史悠久，文化积淀深厚，自古以来就是兵家必争之地。明清两朝为京东地区政治、经济、军事、文化中心，清廷在这里长期驻守重兵，以拱卫京师和保卫皇陵，永平府因此得名“京东第一府”。

永平府城墙建造时间最早可追溯至东汉，始为夯土城墙。明洪武四年（1371 年），修筑砖石结构的城墙。现存墙高约 7m，设东、南、西、北四门，门上均有城楼，门外设瓮城。西城门往北约 262m 处城垣上设西水门，又称小西门。现仅存西城墙、西城门、西城门瓮城、西水门及南门。由于历史变迁，周围环境改变，在风雨雪等自然力及人为活动的影响下，文物遗存出现了不同程度的病害问题，给文物遗址保存造成了一定的影响。

受卢龙县旅游和文化广电局委托，河北省建筑科学研究院有限公司承担了永平府城墙的修缮保护工作。公司先后完成了城墙的南门水灾抢险，西城门、西城门瓮城、西水门及其部分墙体预防性保护等项目，通过多手段技术勘察、检测、安全性评估及系统的分析，找出病害原因，分析影响程度及发展趋势，遵循文物保护原则，编制了保护方案，提出治理建议和措施，为永平城墙保护提供了及时有效的技术保障。

## 7.5.2 工程图片（图 7-32~ 图 7-41）

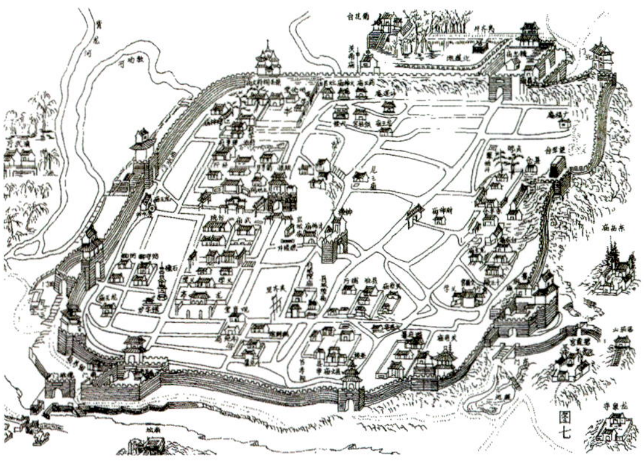

32 | 33

图 7-32 永平府古城图（光绪《永平府志》）
图 7-33 “永平府城墙”保护标志碑

图 7-34　西门
图 7-35　西城门瓮城
图 7-36　南城门坍塌
图 7-37　南城门修缮
图 7-38　西门城墙病害

39 40
41

图 7-39 城墙病害
图 7-40 西水门现状
图 7-41 修缮后西水门

# 7.6　尧山城址南城门抢险加固保护

## 7.6.1　工程概况

尧山城址位于河北省邢台市隆尧县尧城镇尧北里村，东距县城 6km，北临泜河。该城址是因唐天宝元年（742 年）柏人城废于水患，迁县城于此，更名尧山县而设立，距今有 1300 多年。现存城址为唐代、清代时期遗存。1993 年，河北省人民政府公布其为省级文物保护单位。

尧山城址分为地下、地上两部分，现存的地上遗址有南城门——“迎薰”、西城墙、城隍庙亭和巨型石柱 4 部分。据史料记载，尧山县历史悠久，是邢州九县之一，尧帝曾在此封疆，故被称为“唐尧故土”。

尧山南城门，是尧山城址目前最主要的地上遗存。城门坐北朝南，平面为矩形，立面及剖面呈梯形，形制为内夯土外包砖。城门洞北侧内外券面及南侧外券券面为一伏一券青石结构，南侧内券券面为三伏三券青砖结构。城门残存高约 6m，东西长约 20.4m，总进深约 11.28m。

因年久失修，尧山南城门整体残损严重，城门和城墙杂草丛生。城门两侧墙体坍塌，墙砖缺失，城门洞内地面抬升，城门北面砖砌墙体已缺失，内部夯土缺失严重，券门歪闪，城台处于危险之中。本次维修、加固，主要通过外墙砌外包砖及恢复夯土，恢复城台整体稳定性和安全性；通过清除表面植物根系，设置排水和抗冲刷设施，消除安全隐患，妥善保护尧山城址南城门。

受隆尧县文化广播电视新闻出版体育局委托，河北省建筑科学研究院有限公司承担了尧山城址南城门修缮保护工程；2015 年通过系统调查研究，分析了城址结构病害，制定了详细加固修缮技术方案，完成了修缮保护工程设计方案编制工作；2016 年完成了尧山城址南城门抢险修缮保护工程的施工，顺利通过了河北省文物局专家的验收；工程结束后总结出券洞体支撑约束缺失的城台加固修缮经验，对类似结构病害的城台加固修缮保护有指导作用。

### 7.6.2 工程图片（图 7-42~ 图 7-50）

42 图 7-42 “尧山城址”保护标志碑

43 图 7-43 修缮前南立面

图 7-44　修缮前北立面
图 7-45　清理病害墙体
图 7-46　城台条石
图 7-47　券洞外侧刚度补强

图 7-48 加竹筋夯土
图 7-49 修缮后南正立面
图 7-50 修缮后南侧立面

# 7.7　怀来县鸡鸣驿城修缮保护

## 7.7.1　工程概况

鸡鸣驿城位于河北省张家口市怀来县鸡鸣驿乡鸡鸣驿村中，始建于元代，明清均有续修。

驿城所处驿路先秦为“上谷干道”，历代均为交通要道。明代驿城为宣府镇长城的重要驿站，占地2.2万$m^2$，城墙周长1891.8m。城墙外皮为砖砌，内为夯土。墙体底宽8～11m，上宽3～5m，高11m。东西各开一城门，建有城楼。城垣内侧建有环城道，城内纵横道路5条，将城分为大小不等的12个区域。城内建筑分布有序，驿署区在城中心，西北区有马号，东北区为驿仓，城南傍城有驿道东西向通过。城内原有十几座庙宇，现仅存龙神庙、财神庙、泰山行宫、城隍庙、普渡寺、永宁寺和白衣观音殿。城内还有古代遗留的商店和民居。鸡鸣驿是我国邮传、军驿的宝贵遗存，是目前国内保存最好、规模最大、最富有特色的邮驿建筑群，被称为邮政考古、机要考古的一座“活化石”，具有极高的文物价值。

2001年，鸡鸣驿城被国务院公布为全国重点文物保护单位。2005年，国家文物局和建设部联合命名鸡鸣驿城所在的鸡鸣驿村为“中国历史文化名村”。2013年鸡鸣驿城入选国家古村落保护试点。

2003年和2005年，鸡鸣驿城两次被位于美国的世界纪念性建筑保护基金会列为100处世界濒危文化遗产之一。2008年12月12日，国家文物局和河北省人民政府在鸡鸣驿城保护工程现场举行了“鸡鸣驿城抢修保护工程全面启动仪式”，拉开了鸡鸣驿城整体抢修保护工程的序幕。

河北省建筑科学研究院有限公司发挥自身技术、人才和设备优势，积极参与该文化遗产的保护工作。自2009年起，十余年时间内，遵循适合及合理的理念，先后完成了城墙地基加固，城内重点文物区域地道勘察、安全评估，城墙城台受力模拟试验、安全评估，西城门除险加固方案设计和实施等多项工程，凭借科学严谨的工作态度、合理的技术措施和扎实的修缮技艺，消除了安全隐患，拯救了文化遗产，保证了项目顺利完成。

## 7.7.2　工程图片（图7-51～图7-62）

图7-51　“鸡鸣驿城”保护标志碑

图7-52　现场雷达无损检测

| 53 | 54 |
| --- | --- |
| 55 | |

图 7-53　城内地道检测
图 7-54　城台砌体检测
图 7-55　现场探地雷达检测

56
57
58

图 7-56　城台静载试验
图 7-57　城墙修复
图 7-58　鸡鸣驿北城墙

| 59 | 60 |
|---|---|
| 61 | |
| 62 | |

图 7-59 北城台地面砖揭墁
图 7-60 修复玉皇阁
图 7-61 鸡鸣驿西城门
图 7-62 鸡鸣驿西城墙

8

# 石窟寺石刻修缮保护

我国石窟寺分布广泛、规模宏大、体系完整，集建筑、雕塑、壁画、书法等艺术于一体，充分体现了中华民族的审美追求、价值理念、文化精神。加强石窟寺保护利用工作，对中华优秀传统文化传承发展、社会主义文化强国建设、高质量共建“一带一路”和促进文明交流互鉴等具有重大意义。

河北省建筑科学研究院有限公司积极参与石窟寺保护利用工作，先后承担了峰峰水浴寺石窟加固保护、卢龙大佛顶尊胜陀罗尼经幢加固保护、永年朱山石刻修缮保护等项目，开展了石窟寺围岩防渗加固关键技术研究，其多项研究成果达到国际先进水平，为石窟寺文化遗产保护和利用工作做出了积极贡献。

# 8.1 峰峰水浴寺石窟加固保护

## 8.1.1 工程概况

水浴寺石窟位于河北省邯郸市峰峰矿区大社镇寺后坡村西北 300m 处、鼓山东麓、水浴寺西侧的低矮断崖上。开凿年代为北朝，北齐武平五年（574 年）之前。水浴寺石窟与鼓山西坡著名的北响堂石窟隔山相峙，俗称“小响堂”，其石像和摩崖雕刻的精美程度，在许多方面都超过了南北响堂，为第七批全国重点文物保护单位。

石窟坐北朝南，石窟及摩崖造像均凿于东西走向长约 22m 的一处低矮崖面上，有北齐石窟（西窟）、宋代石窟（东窟）两座。另有两处唐代摩崖造像、两处北齐瘗窟。

北齐石窟为覆钵塔形外观，具有强烈的地域性和时代性，且窟内有“武平五年”纪年刻铭以及“昭玄大统定禅师”“张元妃”等供养人名字的铭刻，这些铭刻既是水浴寺石窟的纪年依据，也是研究北齐石窟的重要资料。

受邯郸市峰峰矿区文物保管所委托，河北省建筑科学研究院有限公司承担了水浴寺石窟保护修缮项目的病害调查、评估，设计方案编制，方案实施。公司发挥人才、技术优势，积极开展研究性保护，利用已有的研究成果，结合石窟病害特征，分析病害产生的机理，经试验研究，提出治理方法和技术措施。其主要病害为石窟摩崖处岩体严重风化产生大量裂隙，形成局部危岩体和渗漏通道，对石窟造成破坏。公司采用低压锚杆加固危岩体，封堵岩体裂隙，设置雨水导流槽、防护檐罩等系列措施，消除了安全隐患，保护了文化遗产。该项目顺利通过河北省文物局验收。

## 8.1.2 工程图片（图 8-1~ 图 8-8）

❶ ❷

图 8-1 “水浴寺石窟”保护标志碑
图 8-2 水浴寺石窟加固保护前

| | |
|---|---|
| ❸ | ❹ |
| ❺ | ❻ |
| ❼ | ❽ |

图 8-3　西窟顶板裂隙及污垢
图 8-4　水浴寺石窟雕像
图 8-5　岩体表面裂隙
图 8-6　危岩体加固
图 8-7　窟檐保护罩
图 8-8　崖壁西段加固保护后

# 8.2 卢龙大佛顶尊胜陀罗尼经幢加固保护

## 8.2.1 工程概况

大佛顶尊胜陀罗尼经幢位于河北省秦皇岛市卢龙县卢龙镇南门里，始建于唐，现存经幢为金大定九年（1169 年）重修之物，系秦皇岛地区唯一保存较好的石雕经幢。2006 年，国务院公布其为第六批全国重点文物保护单位。

大佛顶尊胜陀罗尼经幢为八棱形多层式石质建筑，塔高 9.7m，平面呈八边形。经幢建在边长为 5.0m 的石砌正方形台基上，幢身由台基、须弥座承托，整座经幢用石块精雕细刻后叠砌而成，高大挺拔，造型别致，秀美壮观。幢体上的陀罗尼经文、佛像、经变故事极具价值。

由于受地震、自然环境变化和人为因素影响，经幢出现了倾斜、风化等一些明显病害，影响了文物的保存。受卢龙县文化体育广电新闻出版局委托，河北省建筑科学研究院有限公司承担了大佛顶尊胜陀罗尼经幢的勘察、安全评估、加固修缮设计方案编制工作。

经测试，幢体整体向西南方向倾斜，倾斜率为 7.7‰，经幢第三级底部最大偏移量为 78mm，倾斜率为 16.6‰；地基土层不均匀，幢体倾斜，基础偏心受压；幢体岩石风化。公司通过系统勘察、分析，掌握了病害特征、危害程度及产生的原因，提出了治理病害措施、修缮方法，采用注浆加固技术减少经幢进一步倾斜，对经幢风化裂隙采用传统工艺进行封堵，工程圆满竣工，并顺利通过河北省文物局专家验收。方案实施后消除了安全隐患，保护了遗产的价值，重新展现了其独有的风采。

## 8.2.2 工程图片（图 8-9~ 图 8-15）

图 8-9 “大佛顶尊胜陀罗尼经幢”保护标志碑

图 8-10 大佛顶尊胜陀罗尼经幢历史照

⑪ ⑫ ⑬

图 8-11　大佛顶尊胜陀罗尼经幢
图 8-12　浮雕盘龙石柱
图 8-13　幢顶宝珠严重缺损

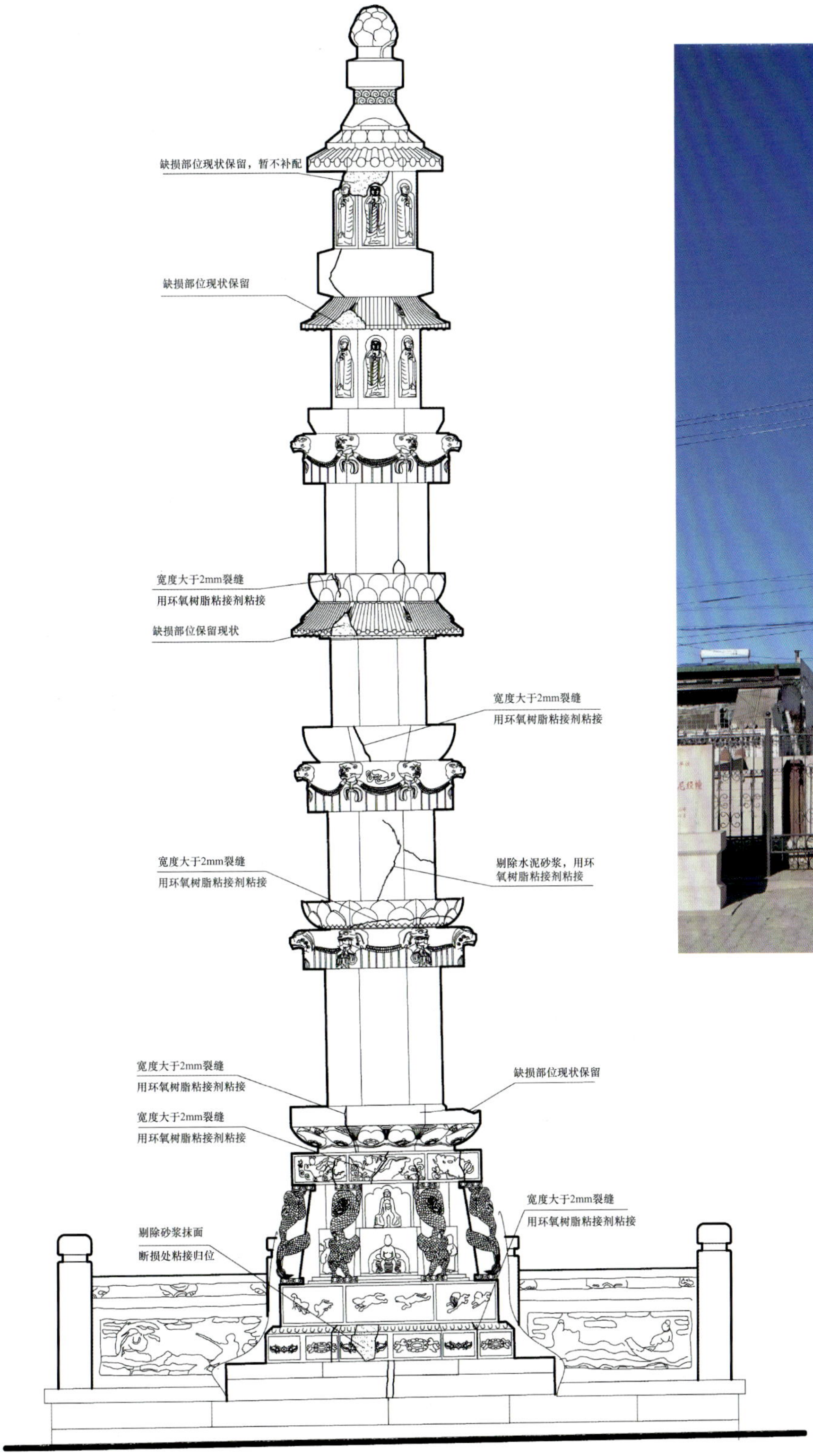

| ⑭ | ⑮ |
| --- | --- |

图 8-14　经幢修缮设计方案
图 8-15　经幢修缮后

# 8.3　永年朱山石刻修缮保护

## 8.3.1　工程概况

朱山石刻位于河北省邯郸市永年区永合会镇吴庄村东北约 1000m 的朱山顶上，分别为西汉、东汉、唐代贞元 3 块摩崖石刻。2013 年 5 月 3 日，国务院公布其为第七批全国重点文物保护单位。

西汉石刻与山体相连，为长条状摩崖石刻，长 1.5m，宽 0.52m，镌刻“赵廿二年八月丙寅群臣上醻此石北”15 个竖行阴刻篆体大字，其中赵、年、上、醻为大篆体，其他均为小篆体字，其书体处于大篆向小篆书过渡时期，是我国最早的汉篆石刻。东汉石刻文字镌刻于一块与山体相连的岩石上，刻字面呈不规则五边形，高 82cm，宽 105cm，刻字面平整。

唐代贞元石刻，镌刻在与山体相连的不规则棱柱状岩石面上。

清道光年间，时任广平知府的杨兆璜发现该石刻并将其公诸于世，其拓片先后被英国、法国、日本等多家博物馆所珍藏，并以其独特的魅力，吸引着海内外众多书法家和考古学家来此考察研究，具有极高的价值。

2018 年 11 月，受邯郸市永年区文化广电和旅游局委托，河北省建筑科学研究院有限公司承担了朱山石刻保护修缮项目的设计方案编制、方案实施。公司积极开展研究性保护，利用已有的研究成果，结合石刻病害特征，分析病害产生的机理，经试验研究，提出治理方法和技术措施。经分析，主要病害为岩体严重风化产生大量裂隙，形成局部危岩体，对石刻形成安全隐患。通过采用微振锚杆加固危岩体，消除了安全隐患；通过研究石刻环境特征，制定展示利用方案，提高了文化遗产保护利用水平。工程圆满竣工，并顺利通过河北省文物局专家验收。

## 8.3.2　工程图片（图 8-16~ 图 8-22）

⑯　⑰

图 8-16　“朱山石刻”保护标志碑
图 8-17　朱山远景

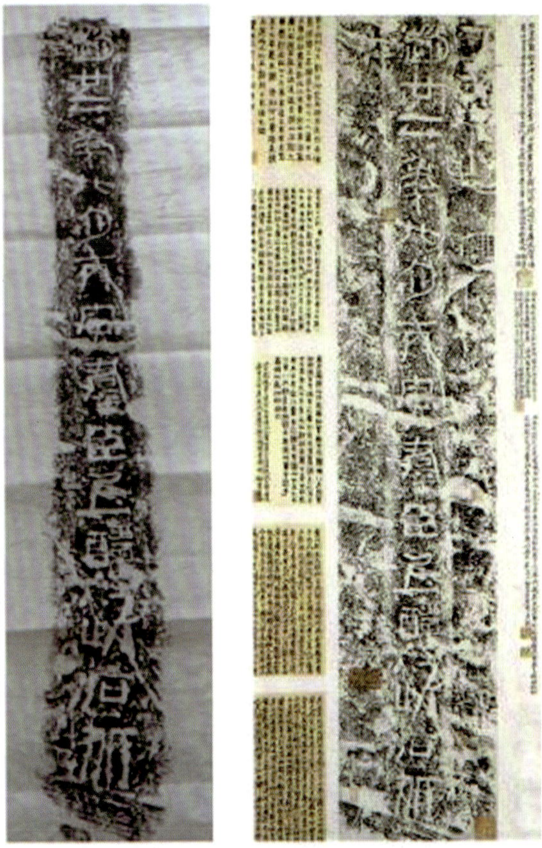

| | |
|---|---|
| 18 | 19 |
| 20 | 21 |
| | 22 |

图 8-18　东汉、唐代石刻
图 8-19　西汉石刻拓片
图 8-20　危岩加固
图 8-21　保护与展示
图 8-22　石刻保护亭

9

# 其他古建筑修缮保护

在文物保护实践中，河北省建筑科学研究院有限公司依托公司整体技术、人才优势，承担了品类丰富、结构类型多样的文物保护工程。其中包括木结构古代官署建筑、古寺庙、戏楼，还包括砖砌结构的古塔、石砌结构的古石桥，也有近现代的纪念建筑等。结合修缮保护工程实际需要，公司在地基基础加固、砌体结构无损检测、结构稳定性分析等方面开展了多项科研课题研究，推动了国内古建筑结构无损检测和安全性评价技术的进步，研究成果获得河北省科技进步三等奖 2 项、河北省建设科技进步一等奖 3 项。

# 9.1 广宗官署正堂修缮保护

## 9.1.1 工程概况

广宗官署正堂位于河北省邢台市广宗县城老西街东段路北 97m 处。建筑坐北朝南，木构营造，抬梁结构，前檐设斗拱，现为布瓦单檐硬山顶。通高 10.82m，南北总宽 15.16m，东西总长 20.54m，建筑面积 311.38m$^2$。该大堂是全国少见的保存完好的县衙正堂。2001 年 2 月，河北省人民政府公布其为河北省文物保护单位。

官署正堂始建于明永乐年间，知县丁直重修，相传秦始皇曾在此停灵，按照较高建筑规格建造，采用“九檩八打椽”的木架结构，独特于其他大堂“八檩七打椽”的结构。官署正堂旧时是广宗县衙的主体建筑，是知县发布政令、举行典礼、公开审理重大案件的场所。历经 600 多年风雨，县衙大堂形制保存完好，依然轮奂显赫，庄严肃穆，可谓广宗县城的镇城之宝。

由于年久失修，屋顶瓦风化断裂，望板糟朽，屋顶漏水严重，大木架瓜柱开裂，额枋变形，柱脚糟朽，严重影响了文物安全。2018 年 7 月，河北省建筑科学研究院有限公司承担了广宗官署正堂保护及展示工程的项目策划、保护方案编制及实施。在实施过程中，遵守文物保护原则，尊重历史，针对其病害特征，采取了合理的修缮保护措施，按原有样式重新铺墁地面，对大木架进行揭顶落架，对木柱打牮拨正，恢复雀替，屋面重新覆瓦，消除安全隐患，恢复历史风采。

该工程于 2018 年 11 月竣工，并顺利通过河北省文物局专家验收。

## 9.1.2 工程图片（图 9-1~ 图 9-9）

❶ ❷

图 9-1 广宗官署正堂旧照

图 9-2 “广宗官署正堂”保护标志碑

❸ ❹
❺
❻

图 9-3　修缮前山墙
图 9-4　木架构病害
图 9-5　修缮现场
图 9-6　连檐、飞椽修缮安装

| ❼ | ❽ |
|---|---|
| ❾ | |

图 9-7 木柱墩接
图 9-8 修缮后正立面
图 9-9 修缮后东立面

# 9.2 阳原澍鹫寺塔修缮保护

## 9.2.1 工程概况

澍鹫寺塔位于河北省张家口市阳原县揣骨疃镇窑儿沟村西南 1km 的恒山支脉鹫峰岭山坡上。澍鹫寺，又名鹫峰寺，当地人俗称塔儿寺，始建于唐代贞元年间。宋淳佑八年（1248 年）、清咸丰年间重修，现存塔为金、元时期所修，是桑干河流域最著名的佛教寺院之一。

澍鹫寺塔为密檐式与覆钵式组合的实心塔，下部造型为八角密檐三级，上部造型为覆钵加五相轮，塔高约 25m。澍鹫寺塔呈圆锥形，由地宫、塔座、塔身、覆钵、相轮及塔刹组成。塔座为须弥座式，须弥座的上下枭混部分用仰莲装饰，束腰部满饰高浮雕花卉图案和佛龛。除塔刹为石质构件外其余均为青砖砌筑。塔壁表皮砌砖采用“长身砌”法，整体精致、美观。

澍鹫寺塔精巧、美观，风格独特。在细部和局部揉进拱形窗顶、窗罩，特别是在第 7 层插入一层覆钵状的原印度佛塔和藏地佛塔建筑符号，使得塔体总体造型垂直分作 3 段，外部轮廓由直线变成曲线；第 8 层以上至第 13 层仍为密檐式。它不仅反映出汉地佛塔与藏地佛塔造塔艺术的融合，也显示了张家口地区汉、蒙、藏文化的交融，记录了古代工匠卓越的建筑思想和技艺，融合多朝代的建筑特点，是现存古塔中较为特殊的一种类型，被誉为“河北省现存古塔中最为独特的一例”，具有极高的价值。2013 年 5 月，被国务院公布为第七批全国重点文物保护单位。

受地震影响，塔刹倒塌，塔身出现裂缝，局部坍塌，塔基存在滑坡坍塌危险，严重影响塔体安全。为了及时地进行排险，使我国这一具有汉藏结合特色的古塔遗产价值传承下去，国家文物局批复同意进行除险保护。受阳原县文化旅游广电新闻出版局委托，河北省建筑科学研究院有限公司承担了阳原澍鹫寺塔修缮保护工程，2017 年，通过系统调查研究，分析了塔体结构病害，制定了详细加固修缮技术措施，完成了修缮保护工程设计方案编制工作；2019 年，完成了澍鹫寺塔修缮保护工程的施工；2020 年，顺利通过了河北省文物局的专家验收。

通过对塔身坍塌及塔基损毁等部位的修缮加固、塔体周边地面修整以及对塔体东侧陡坎设置护坡，达到排除塔体险情、改善遗址保存状态的目的，有效地保护了建筑遗产，延续了遗产历史信息和价值。

## 9.2.2 工程图片（图 9-10~ 图 9-17）

⑩
⑪ ⑫

图 9-10 “澍鹫寺塔”保护标志碑
图 9-11 澍鹫寺塔修缮前
图 9-12 搭设施工脚手架

| | |
|---|---|
| ⑬ | ⑭ |
| ⑮ | ⑯ |
| ⑰ | |

图 9-13　修缮前塔刹
图 9-14　塔体病害
图 9-15　塔刹修缮
图 9-16　补砌加固塔基
图 9-17　修缮后澍鹫寺塔

# 9.3 丰润中学校旧址修缮保护

## 9.3.1 工程概况

丰润中学校旧址位于河北省唐山市丰润区城南 10km 车轴山中学学院内，建于 1913—1925 年。时任郭李航校长，用 14 年的时间亲自设计、组织施工，建成了独特的校园。校园建筑上下错落，具有民国和当时流行的欧式建筑风格，风格独特。

整个旧址占地面积 5711m$^2$，建筑面积约为 1700m$^2$。旧址以车轴山山阳中部为中轴线，现存建筑从北向南主要有图书馆楼、教室、会议室（展览室）、校长室、总务处、院墙大门，亭子在大门东约 50m 处。

图书馆楼：通面阔 18.08m，通进深 9.5m，走廊深 1.66m，建于 1922 年，砖石结构，2 层前出廊，变形庑殿式水泥纤维大板瓦顶。正面 4 根雕磨精细的洁白石柱托起 2 层廊檐，廊檐下各是 5 道雍容大方的水泥流线拱，2 层檐上各是藕形水泥圆柱组成的透体围栏。

教室：图书馆楼两侧各是一排坐北朝南的教室，建于 1923 年。通面阔 19.54m，进深 8.00m，一层砖石结构，洁白条石槛墙，红、灰砖装饰窗垛。教室东西侧各为 2 幢南北坐落、相向而立的教室。形式与坐北朝南的教室基本一致，只是南面山墙各建了 3 个尖拱小窗。

会议室：图书馆楼南面下层，建造了宽敞宏大的会议室，现为校史展览室，通面阔 18.74m，进深 10.7m，一层砖石结构，变形庑殿顶。

校长室和总务处：会议室南面下一层，分别于 1916 年建造校长室，1919 年建造总务处（原传达室）。通面阔 25m，进深 6.77m，均为一层砖石结构，前面为浅拱门窗，后面为尖拱形门窗，白条石槛墙、灰砖窗垛、红砖砌拱、乳白色水泥纤维大板瓦顶，中间为穿堂。穿堂正面有石拱形门楣。前后檐墙面红色砖线做了各种图案装饰。

总务处南面坎下为 6 棵千年古槐，枝干交错延展，庇荫 1600m$^2$。图书馆小楼、会议室和校长室、总务处、6 棵古槐之间，分别由磴磴石阶相接，给人曲径通幽之感。

校门：古槐南端为牌坊式校门，建于 1917 年，通面阔 9.2m，由 4 座石砌方柱构成，中间原为铁艺对开菱格形纹大门，门上为铁艺欧式门楣，现皆为木制。大门两侧各一旁门，也是铁艺门及门楣，现皆为木制。大门两侧为院墙，透孔式灰砖砌成。东侧有六角亭一座，建于 1925 年，石木结构，玲珑秀美。

丰润中学校为百年老校，具有光荣的革命传统。2006 年 5 月，国务院公布其为第六批全国重点文物保护单位。

受唐山市丰润区文物管理所委托，河北省建筑科学研究院有限公司承担了丰润中学校旧址修缮保护项目。2018 年公司组织专业技术人员到现场进行调查、测绘及检测，通过对现状及资料进行综合分析、研究，并进行结构安全性评估，分析了病害特征和原因，遵照文物保护的原则，提出了病害治理措施和保护修缮方法，编制了修缮方案，并组织实施，对图书馆、4 座教室、会议室、校长室、总务处室、大门、六角亭等 7 处文物建筑进行加固修缮，消除了安全隐患，达到了修缮保护的目的。

## 9.3.2　工程图片（图 9–18~ 图 9–27）

⑱ 图 9-18　“丰润中学校旧址”保护标志碑

⑲ 图 9-19　丰润中学校旧址总平面图

图 9-20 1976 年唐山大地震以前的丰润中学校全景
图 9-21 丰润中学校大门现状
图 9-22 丰润中学校图书馆现状
图 9-23 丰润中学校总务处现状

24
25
26　27

图 9-24　丰润中学校六角亭现状
图 9-25　教室——铺设望板
图 9-26　六角亭——椽安装
图 9-27　六角亭——铺设瓦件

# 9.4 涿鹿县宝峰寺修缮保护

## 9.4.1 工程概况

宝峰寺位于河北省张家口市涿鹿县赵家蓬区东北 6km 的谢家堡乡上疃村西的谢家堡寄宿制小学院内，始建于南北朝，距今约 1500 年，为赵家蓬区最早的佛教寺院，且建筑面积大、建筑年代早，在当地久负盛名。宝峰寺建筑规模宏大，拥有多院落、多庙宇，现存建筑属清代建筑。2008 年 10 月，河北省人民政府公布其为省级文物保护单位。

宝峰寺现存文物保护建筑 3 处，分别为下院戏楼、上院倒座和南、北配殿。

宝峰寺戏楼为卷棚硬山式，坐东朝西，面阔三间，进深一间，通面阔 9.4m，通进深 8.58m，筒瓦屋面，卷棚过垄脊，铃铛排山垂脊，抬梁式木构架，前后两檐柱上承六架梁，两侧山面梁架设有山柱，山柱直通四架梁，六架梁穿搭在山柱上。脊檩、金檩、檐檩均为双檩做法。

倒座坐西朝东，面阔三间，进深一间，通面阔 9.87m，通进深 5.42m，单檐硬山，卷棚过垄脊，铃铛排山垂脊。抬梁式木构架，前后两檐柱上承五架梁，两侧山面梁架设有山柱，山柱直通脊檩，三架梁、五架梁穿搭在山柱上，变为单步梁、双步梁。

南配殿坐南朝北，面阔三间，进深一间，通面阔 9.40m，通进深 5.43m，单檐硬山，筒瓦屋面，卷棚过垄脊，披水梢垄垂脊。抬梁式木构架，前后两檐柱上承五架梁，两侧山面梁架设有山柱，山柱直通脊檩，三架梁、五架梁穿搭在山柱上，变为单步梁、双步梁。北配殿坐北朝南，形制、布局、规模与南配殿一致。

受张家口市涿鹿县赵家蓬区公所委托，河北省建筑科学研究院有限公司承担了宝峰寺修缮保护项目。2015 年，公司组织专业技术人员到现场进行调查、测绘及检测，通过对现状及资料进行综合分析、研究，分析了病害特征和原因，遵照“不改变文物原状”和“原形制、原材料、原工艺、原做法”的文物保护修缮原则，提出了病害治理措施和保护修缮方法，编制了修缮方案，并组织实施，对下院戏楼，上院倒座，南、北配殿和院落环境等进行了修缮，消除了安全隐患，达到了保护的目的。历经五年，2020 年，该项目通过河北省文物局的竣工验收。

## 9.4.2　工程图片（图 9–28~ 图 9–37）

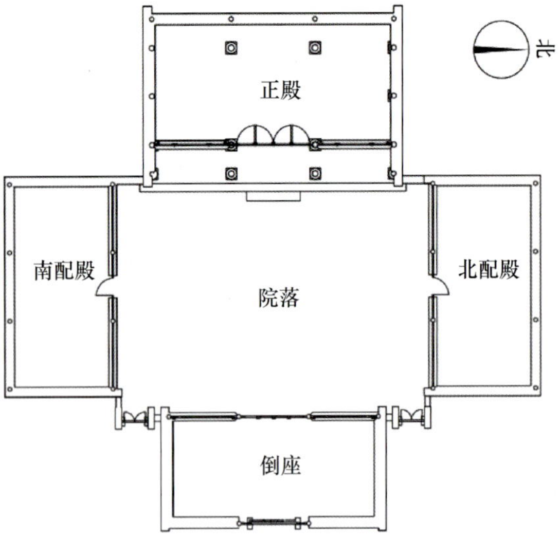

| | |
|---|---|
| 28 | |
| 29 | |
| 30 | 31 |

图 9-28　总平面图
图 9-29　戏楼正立面
图 9-30　戏楼椽子望板糟朽
图 9-31　倒座正立面

图 9-32 北配殿正立面
图 9-33 北配殿后檐墙坍塌
图 9-34 修缮后戏楼
图 9-35 修缮后倒座
图 9-36 修缮后南配殿
图 9-37 修缮后北配殿

# 9.5 保定淮军公所修缮保护

## 9.5.1 工程概况

保定淮军公所位于河北省保定市恒祥南大街267号，全称“保定淮军昭忠祠暨公所”，始建于清光绪十四年（1888年），原作为李鸿章所辖淮军在保定的公祭场所和驻防机关，并兼有安徽会馆功能。公所占地面积约2.7万$m^2$，现存十四进院落，建筑面积约5000$m^2$，由昭忠祠、李鸿章祠堂、祠堂管理办公区、公所院、杂役院、神厨库和休闲区组成。祭祀区的中路为李鸿章祠堂，前后三进院落，为淮军公所的主体，前院为迎宾院，中院为戏楼，后院为享堂。建筑风格南北兼容，别具一格。2013年，国务院公布淮军公所为第七批全国重点文物保护单位。

淮军公所的修缮工程共分三期实施：一期包括迎宾院、昭忠祠前院和公所院等7座建筑；二期包括昭忠祠后院、祠堂管理办公区、公所院、杂役院、西小院、神厨库以及附属用房等，共计38个单体建筑、九套院落地面和200多米院落围墙；三期为戏楼。

其中，戏楼为四合院加罩棚式结构，呈方形，南北长32.67m，东西宽29.93m。四周房屋上下两层，中间为罩棚。最高柱的高度为10.63m，梁最大跨度为16.95m。舞台坐南向北，与后台、倒座连为一体。与舞台相对的是戏楼的正房，东西对称设置包厢，柱网排列整齐。为满足戏楼的功能要求，戏楼各房屋由大木构架连接成一体，整个结构形成了一座庞大的空间木构体系。整个戏楼占地面积900$m^2$，建筑面积1500$m^2$，戏楼为淮军公所的主体建筑，是体量最大、艺术价值最高的局部复原工程之一。

为确保修缮后戏楼结构安全，保定市文物管理所委托河北省建筑科学研究院有限公司对该戏楼主体进行结构受力分析。公司组织技术人员，先后多次到现场进行勘测、调查，采集数据，与设计、委托方沟通，分析戏楼结构特征和各种工况，建立计算模型，研制了试验模型，制定了动力模型试验方案。根据模型试验结果，采用仿真技术，分析了戏楼的工作受力特性，指导完善设计和施工，为戏楼的修缮保护提供了技术支撑。

## 9.5.2 工程图片（图 9-38~ 图 9-47）

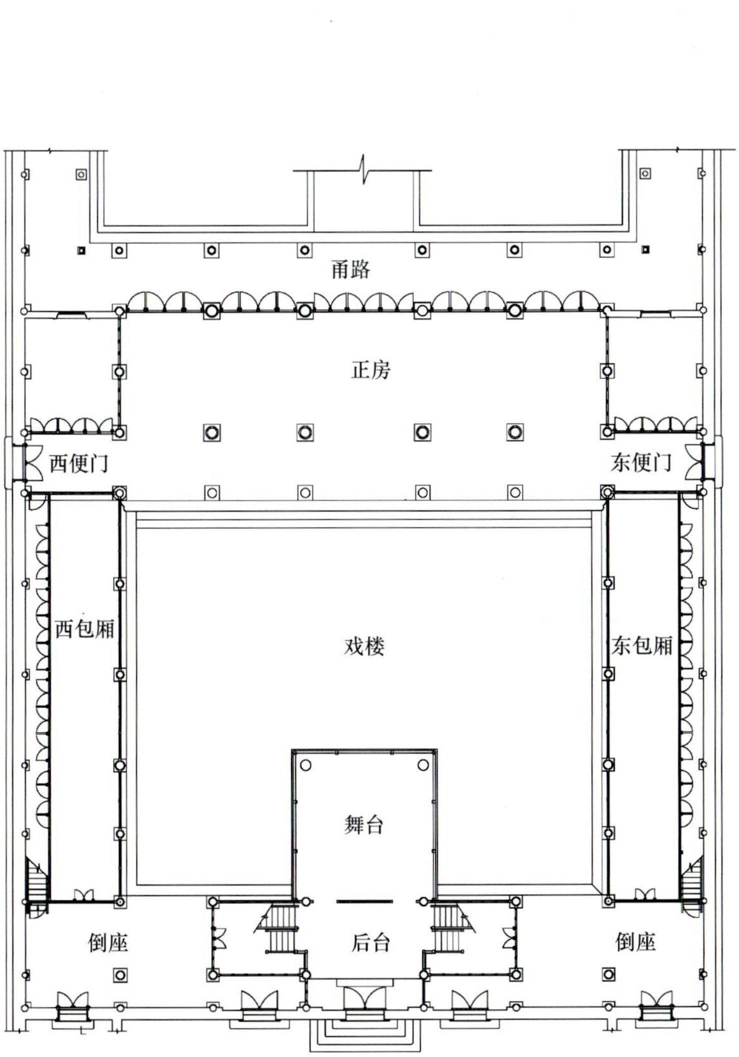


38
39

图 9-38 淮军公所修缮效果图
图 9-39 淮军公所戏楼平面图

| | |
|---|---|
| 40 | 43 |
| 41 | 44 |
| 42 | |

图 9-40　戏楼复原效果图
图 9-41　公所内部小院
图 9-42　动力模型试验
图 9-43　修缮后戏楼正门
图 9-44　昭忠祠

图 9-45　戏楼木构架
图 9-46　戏台的穹顶
图 9-47　修缮后戏楼北立面

# 9.6 涿州永济桥修缮保护

## 9.6.1 工程概况

永济桥位于河北省涿州市区北 1.5km 处的北关村拒马河上，始建于明万历二年（1574 年），清乾隆二十五年（1760 年）补建九孔新桥，旧桥按涵洞形制改砌。

永济桥总长 613.85m，桥体由主桥、南引桥、北引桥三部分组成。主桥为单路九孔石拱桥，长 156.35m，宽 10.7m，由分水至桥面 6.3m；南引桥经探明长 271.5m，大小涵洞 25 孔；北引桥探明桥长 205m，小型涵洞 4 孔。永济桥建设规模宏大，桥之总长为国内罕见，形制优美，素有“拒马长虹”之美誉，国务院公布为第六批全国重点文物保护单位。

主桥，主孔净跨 8.8m，高 4.7m；次孔净跨 7.8m，高 4.2m；梢孔净跨 7.1m，高 3.9m；次梢孔净跨 5.5m，高 3.7m；尽孔净跨 5.0m，高 2.8m。

受涿州市旅游文物局的委托，河北省建筑科学研究院有限公司承担了永济桥的保护工程。公司引用先进的现代技术手段，开展了病害调查、水文分析、桥体结构受力分析、河床防冲刷治理等工作，提出了治理方法，编制了技术方案，推动了古桥保护工程顺利完成。

## 9.6.2 工程图片（图 9-48~ 图 9-55）

48　49
50

图 9-48　“涿州永济桥”保护标志碑
图 9-49　桥体修缮前全景
图 9-50　现场桥体内部结构钻探检测

| | |
|---|---|
| 51 | 52 |
| 53 | 54 |
| 55 | |

图 9-51　桥面现状
图 9-52　桥现状
图 9-53　桥基木桩
图 9-54　引桥修复
图 9-55　桥体修缮后全景

# 9.7　安国伍仁桥修缮保护

## 9.7.1　工程概况

安国伍仁桥位于河北省安国市伍仁桥镇村南，南北横跨越磁河的官式古石桥，建于明万历二十六年（1598 年），明万历二十九年（1601 年）竣工，桥中券北壁上有一石刻，俗称“贵妃石”，上书“万岁爷皇贵妃郑敕赐修建伍仁桥”，故而此桥又名“贵妃桥”。作为中国石桥的一个典型代表，伍仁桥被编入同济大学的桥梁专业教材，国务院公布为第六批全国重点文物保护单位。

伍仁桥全部为石质结构，五孔联拱，铁腰和铁锔联结，总跨度 44.89m。桥基由木炭、柏木桩、石板组成。桥面中间高 6.5m，两端高 5.9m。中孔高 5m，宽 7.75m。中孔券矢高 3.76m，梢孔券矢高 3.21m；中孔券净跨 7.69m，梢孔券净跨 6.31m。

伍仁桥中孔券脸石上雕有吞水兽。桥南头有一对石狮，桥北头有一对石象，桥上有 26 对望柱石狮，栏板为云朵花纹，其刻工精细，栩栩如生，具有很高的艺术价值。伍仁桥形制古朴大方，结构科学合理，对研究明代石拱桥建筑特征和建桥技术提供了重要的参考价值。

2005 年，受安国市文物保管所委托，河北省建筑科学研究院有限公司对桥体整体稳定性、桥基承载力和通洪能力进行了检测、分析、评价，提出了修缮保护建议，对伍仁桥的保护修缮起到了有力支撑作用。

## 9.7.2　工程图片（图 9-56~ 图 9-62）

56　57

图 9-56　伍仁桥全景
图 9-57　“伍仁桥”保护标志碑

| 58 | 59 |
| --- | --- |
| 60 | 61 |
| 62 | |

图 9-58 修缮前桥体
图 9-59 桥基木桩
图 9-60 伍仁桥石刻
图 9-61 修缮后伍仁桥
图 9-62 修缮后石刻

❻ 图 10-6 文殊阁
❼ 图 10-7 普贤阁

# 10.2　唐山白塔寺万佛殿恢复重建

## 10.2.1　工程概况

白塔寺位于河北省唐山市迁安市西北25km的灵山脚下，始建于大唐贞观九年（635年）。白塔与白塔寺，皆于清同治三年（1864年）最后一次重修。

寺院由两层殿堂和白塔组成，规模宏大，布局严谨。1996年，迁安市蔡园镇筹资重建。它结构新颖、独具风格，保持着喇嘛塔、寺的初建风貌，整个造型和布局都有较高的艺术水平。

白塔塔高九十多米，整个建筑由塔座、覆钵、阶台、宝盖和刹顶5部分组成。基座上砌有1.3m的折角方形汉白玉大理石，须弥座基上承托覆钵形塔身，上为4m高平面。平面上两道闪出的拼台中间的四面有24幅造型生动、栩栩如生的佛教壁画。台上塔身面东门内设佛龛一尊。塔身上为环形条带13圈，上为宝盖，是车轮式圆盘，最上为鎏金火焰宝珠塔刹。

塔底部的大门上有书法家贾宗武题写的刚劲有力的“瑞塔神泉”4个大字。塔威武挺拔，势欲遏云，蔚为壮观。真所谓“邑中人文之盛盖由于此”。

在白塔的右侧，寺正门朱漆映眼，门洞有柱无梁，轻妙俗雅。寺内观音殿，面阔5间，明柱8根。

万佛殿是白塔寺内规模最大的殿宇，位于白塔西侧，大雄宝殿北侧。2005年，万佛殿的重建工程由河北省建筑科学研究院有限公司设计。

万佛殿占地面积1815.7$m^2$，建筑面积2571$m^2$，台基周长175m。殿宇外观为两层，内部为带有夹层回廊的一层空间。建筑高度从室外地坪至檐脊35m，面宽五间长49m，近深四间深28m。屋顶为重檐歇山顶，覆盖金色琉璃瓦，三重屋檐出檐深远，整体形象宏丽轩昂。殿内各佛教造像，金碧辉煌，光彩夺目。

## 10.2.2 工程图片（图 10-8~ 图 10-17）

| | |
|---|---|
| 8 | 9 |
| 10 | 11 |
| 12 | |

图 10-8　万佛殿实景
图 10-9　万佛殿效果图
图 10-10　白塔 1
图 10-11　白塔 2
图 10-12　山门

| | |
|---|---|
| ⑬ | ⑭ |
| ⑮ | ⑯ |
| ⑰ | |

图 10-13　观音殿
图 10-14　万佛殿 1
图 10-15　万佛殿 2
图 10-16　万佛殿前台阶
图 10-17　整体鸟瞰

# 10.3　井陉龙泉寺恢复重建

## 10.3.1　工程概况

井陉龙泉寺位于河北省石家庄市井陉县城东南五华里金良川河东村西，建于初唐，盛于明清，延续千年香火，断于民国，大量文物古迹毁于“文革”时期。该寺独得面水靠山的先天之厚，寺院背靠紫荆山，坐北向南，金良河水呈玉带状环流而过，清山秀水，肃穆庄严。紫荆山南的“白眉寨”如巨蝠腾空；山东面的“横山”若臂挽紫气；山西边的“五峰寨”似巨掌迎魁。龙泉寺雄踞其间，面北的“金良河”潺潺绕寺、碧波东流，似玉带相围；身后的“紫荆山”若倒扣的巨枚宝锭，龙泉寺靠三山面一水，风景如仙境般秀丽！

该寺在历史上有过两次大的修缮：第一次是在明成化年间（1466—1468 年），大修后改名“山泉院”；第二次是在清康熙年间（1679—1681 年），修缮后又更名“龙泉寺”，沿用至今。

龙泉寺历史上有两个镇寺之宝：一个是建于宋代的“砖塔”；另一个是唐代的“灵皂”。据说巨型皂荚树三人都合围不住，只可惜这两样镇寺之宝均毁于“文革”期间。

20 世纪 90 年代以来，寺院陆续恢复并在原大殿内重塑佛祖金身。2014 年 10 月 11 日上午，河北省佛教协会在井陉良河东村举行盛大的观音圣像开光仪式。观音圣像高 8.4m，由汉白玉大理石雕成。2018 年，河北省建筑科学研究院有限公司应邀进行寺庙设计，建筑面积 399$m^2$（占地面积 591$m^2$）。按照寺院修复整体规划，寺院旧址占地三万多平方米。皇姑洞旧址修复、悲贤草棚、弥勒佛殿、十八罗汉园的建设已经启动。观音圣像的落座，开启了龙泉寺寺院恢复重建的进程。

## 10.3.2　工程图片（图 10-18~ 图 10-21）

⑱　⑲

图 10-18　开光法会
图 10-19　井陉龙泉寺观音圣像

20 图 10-20　井陉龙泉寺方案
21 图 10-21　井陉龙泉寺